2. COLLOQUIUM DER
DEUTSCHEN GESELLSCHAFT FÜR PHYSIOLOGISCHE CHEMIE
AM 6./7. APRIL 1951 IN MOSBACH (BADEN)

MIKROSKOPISCHE UND CHEMISCHE ORGANISATION DER ZELLE

MIT 25 TEXTABBILDUNGEN

SPRINGER-VERLAG BERLIN HEIDELBERG GMBH

1952

Copyright 1952 by Springer-Verlag Berlin Heidelberg

Ursprünglich erschienen bei Springer-Verlag OHG. Berlin · Göttingen · Heidelberg. 1952

ISBN 978-3-662-12503-8   ISBN 978-3-662-12502-1 (eBook)
DOI 10.1007/978-3-662-12502-1

BRÜHLSCHE UNIVERSITÄTSDRUCKEREI GIESSEN

Begrüßung und Eröffnung.

Meine Damen und Herren!

Ich heiße Sie zu dem zweiten Colloquium unserer Gesellschaft in Mosbach herzlich willkommen. Wir haben dieses kleine Städtchen als Tagungsort beibehalten, weil wir glauben, daß seine engen Gassen und vielen Fachwerkhäuser die richtige Umgebung für eine sachliche und vertiefte Diskussion abgeben.

Diesmal wollen wir an Hand von fünf Referaten über die mikroskopische und chemische Organisation der Zelle diskutieren; denn es ist an der Zeit, daß wir uns wieder mehr an die Morphologie anlehnen und untersuchen, wo in der Zelle die einzelnen Prozesse ablaufen und wie sich die Gebilde, die man mit dem Mikroskop sieht, am Stoffwechsel beteiligen.

Eigentlich waren sechs Referate vorgesehen. Aber Herr Professor MARQUART (Freiburg i. Br.) ist leider erkrankt und kann uns deswegen nicht über den feineren Aufbau des Zellkerns berichten. Vielleicht bietet die Diskussion einen Ersatz.

Hiermit eröffne ich nun unser Colloquium und bitte Sie, die reichlich bemessene Zeit für die Aussprache voll zu nützen.

K. FELIX.

Inhaltsverzeichnis.

*Aus der Abteilung für Zoophysiologie des Zoologischen Instituts
der Universität Bern.*

Mikroskopische und submikroskopische Bauelemente der Zelle.

Von

F. E. LEHMANN (Bern).

Mit 7 Textabbildungen.

1. Die tierische Zelle als strukturelle und funktionelle Einheit.

Die tierische Zelle kann in verschiedenen Formen auftreten:
als selbständiges Lebewesen und Träger mannigfaltiger Organellen
wie bei den Protozoen oder als sehr unselbständiges und zugleich
sehr spezialisiertes Bauelement innerhalb eines hoch integrierten
Organgefüges, wie etwa die Ganglienzelle bei den Wirbeltieren.
Diese Extreme unterscheiden sich in vielen Eigenschaften, aber
sie besitzen doch beide die Hauptkriterien tierischer Zellen: Kern
und Cytoplasma, die seit über 100 Jahren als wesentliche Bauelemente der Zelle gelten. Aber die biologische Bedeutung von
Kern und Plasma, ihre Arbeitsteilung und ihre Zusammenarbeit
sind trotz aller Bemühungen der Forschung immer noch sehr
unvollständig bekannt.

Wenn ich im folgenden über Bauelemente der Zelle berichte,
so kann das wohl kaum anders geschehen, als daß in erster Linie
solche *Bestandteile der Zelle* behandelt werden, denen nachweislich
oder wahrscheinlich *bestimmte Funktionen* im Zellganzen zukommen.
Es geht also nicht darum, ein Inventar aller irgendwie bekannt-
gewordenen Strukturen zu geben; ferner wird eine Beschränkung
auf die allgemein verbreiteten, also die *generellen Strukturen von
Kern und Plasma,* erforderlich sein und es können spezielle Organellen und Differenzierungen besonderer Zelltypen hier nicht erörtert werden.

Bei der Frage nach Struktur und Funktion von Zellbestandteilen können uns Genetik und Entwicklungsphysiologie leitende Fragestellungen liefern. Denn diese beiden Forschungsrichtungen haben zum Postulat geführt, daß es in der Zelle *Gebilde von genetischer Kontinuität* geben muß: im Kern die Chromosomen und im Plasma irgendwelche noch nicht näher erfaßten Körper. Auf der anderen Seite häufen sich die Hinweise, daß gerade diese Körper sehr spezifisch in den Stoffhaushalt der Zelle eingreifen. Kern und Plasma stellen sich uns heute dar als hochorganisiertes Gefüge von Kleinräumen, durch die das stoffliche Geschehen in bestimmten Bahnen gehalten wird. Wenn wir im folgenden in erster Linie von *Zellstrukturen* sprechen, so sind wir uns bewußt, daß eben diese Strukturen Träger von chemischen Vorgängen sind.

2. Methoden zur Erforschung der Zellstrukturen.

Bevor wir auf die generellen Zellstrukturen eingehen, sollten wir uns die Mannigfaltigkeit der heute bestehenden Untersuchungsmethoden vor Augen führen und zugleich unsere Aufgabe kurz umreißen. Es kommt darauf an, ein Bild vom *Strukturgefüge der lebenden Zelle* zu gewinnen. Die Schwierigkeit dieser Fragestellung ist uns bewußt, denn die lebende Zelle ist nach unserer heutigen Auffassung ein dynamisches Gefüge von Gelkörpern und kolloiden Partikelsuspensionen, das gegen Veränderungen seines Milieus sehr empfindlich ist. So stellt sich uns dauernd die Frage, wie weit die Strukturbilder von Zellbestandteilen, die wir mit irgendwelchen Methoden erfassen, den *lebenden Strukturen äquivalent* sind.

Die Frage nach dem Grade der Äquivalenz und das Problem der Artefakte darf aber nicht zu einem unbegrenzten Skeptizismus führen. Wir können unserem Ziele näherkommen, wenn wir versuchen, *mit möglichst verschiedenen Methoden* zu Bildern bestimmter Strukturelemente zu gelangen und zudem prüfen, wie weit die mit indirekten Methoden gewonnenen Befunde dazu stimmen. Auf diese Weise lassen sich brauchbare Aussagen für einige Zellbestandteile machen, wie im folgenden gezeigt werden soll.

Insbesondere bei der Untersuchung submikroskopischer Gefüge ergibt sich die Möglichkeit, mit kolloiden Lösungen definierter Stoffe, z. B. von Proteinen, zu arbeiten und sich so auf die Morphologie chemisch definierter makromolekularer Stoffe und Stoffkomplexe zu stützen. Von dieser Seite her wird wohl das Problem der histologischen Fixierungsmittel und ihrer Artefaktbildung angepackt werden können.

2.1. Untersuchung lebender Zellen.

Die Untersuchung der lebenden oder überlebenden Zelle ist heute mehr denn je unerläßlich. Die Lebendstruktur muß mit allen gangbaren Methoden erforscht werden, damit wir in den Stand gesetzt werden, den Äquivalenzgrad fixierter lichtmikroskopischer oder elektronenmikroskopischer Strukturen einigermaßen zu beurteilen. Besonders geeignet sind einzelne Zellen wie Protisten, Blutzellen oder Zellen von Gewebekulturen sowie die Eizellen mancher Wirbelloser oder von Säugetieren.

Als sehr ergiebig haben sich zwei Arten physikalischer Eingriffe erwiesen, da sie die lebenden Zellen nicht wesentlich und vor allem nicht irreversibel zu schädigen scheinen: die Zentrifugierung und die Anwendung hoher Drucke.

1. In zentrifugierten Zellen erfolgt eine Schichtung verschiedener Zellbestandteile nach ihrem spezifischen Gewicht. Dieses Verfahren ist, insbesondere in Verbindung mit dem Zentrifugenmikroskop HARVEYs, für cytochemische wie für entwicklungsphysiologische Experimente wichtig geworden (HARVEY, zit. LEHMANN 1946, ANDRESEN 1942, LEHMANN 1947).

2. Hohe Drucke behindern in lebenden Zellen die Bildung von Gelkörpern und unterdrücken die Kontraktilität des Protoplasmas. Damit ergeben sich neue Gesichtspunkte für die Physiologie des Cytoplasmas (MARSLAND s. FREY-WYSSLING 1949).

Auch manche irreversiblen Eingriffe, wie supravitale Färbungen oder Fermentreaktionen haben sich als aufschlußreich erwiesen. Es sei die Indophenoloxydasereaktion erwähnt, die bei manchen Eiern von wirbellosen Tieren Plasmabestandteile mit besonderen morphogenetischen Leistungen zu erfassen gestattet (RIES 1938, LEHMANN 1940 und 1947).

Die Lebensbeobachtung wird heute wesentlich erleichtert und verfeinert durch die Verbesserung der optischen Methoden. Das Phasenkontrastverfahren ermöglicht die Photo- oder Kinematographie auch recht feiner Lebendstrukturen, wie der Mitose. Dunkelfeld- und Polarisationsmikroskop sind seit RUNNSTRÖM (1937) und J. W. SCHMIDT (1939, 1941) zu unerläßlichen Hilfsmitteln der experimentellen Cytologie geworden.

2.2. Untersuchung fixierter Zellen.

Erst im letzten Jahrzehnt haben Zellstrukturen, die mit den klassischen Fixierungs- und Färbungsmethoden dargestellt wurden, wieder Interesse bei den Zellphysiologen gefunden, nachdem sie jahrzehntelang als kaum deutbare Coagulate gegolten hatten. Einerseits erkannte man, daß *relativ stabile Gelkörper* der lebenden Zelle nicht völlig durch Fixierung und Färbung entstellt wurden, andererseits ergab sich, daß insbesondere *hochmolekulare Proteine und Nucleinsäuren* die Prozeduren der Fixierung und Färbung gut überstehen. So können heute *Desoxyribonucleinsäure* (DNS), *Ribonucleinsäure* (RNS) (J. Brachet) und auch tyrosinhaltige Proteine (Pollister u. Ris) auf Schnitten einwandfrei nachgewiesen werden. Denn es stehen die nötigen Kontrollmethoden zur Verfügung. Bei entsprechend behandelten Schnitten werden durch geeignete chemische oder fermentative Behandlungen die färberisch nachweisbaren Körper herausgelöst. Unterbleibt die Färbung in den behandelten Schnitten und zeigen die unbehandelten Schnitte die charakteristische Farbreaktion, so ist damit für die von uns erwähnten Fälle die chemische Diagnose gesichert. Auch einige strukturgebundene Fermente, wie Phosphatase, lassen sich in analoger Weise auf Schnitten nachweisen. So beginnt heute die Histologie, die lange genug als biochemisch unverständliche Alchimie gegolten hatte, für die Zellphysiologie brauchbare cytochemische Verfahren zu liefern (s. a. Danielli 1950).

Auf dem Gebiet der Elektronenmikroskopie sind die Verhältnisse verständlicherweise noch wenig abgeklärt (vgl. F. O. Schmitt). Die mehr oder weniger hydratisierten Zellstrukturen müssen auf alle Fälle völlig wasserfrei gemacht werden, sei es direkt durch rasches Lufttrocknen oder durch Gefriertrocknen oder durch Trocknung nach Fixierung mit proteinfällenden Fixierungsflüssigkeiten. Im jetzigen Zeitpunkt ist das Artefaktproblem für den Bereich des Elektronenmikroskops zunächst nur für den Einzelfall analysierbar, und zwar so, daß Strukturbilder verglichen werden, die mit möglichst verschiedenen Methoden erhalten wurden. Von besonderem Wert sind die schon erwähnten Modellversuche mit einigermaßen einheitlichen Proteinlösungen.

3. Die generellen Strukturelemente tierischer Zellen[1] (Abb. 1).

Genetik und Entwicklungsphysiologie haben für die Zellen einiger tierischer Organismen bewiesen, daß die Kerne in ihren Chromosomenfäden zahlreiche Erbfaktoren enthalten und daß diese Erbfaktorengarnitur *in allen Kernen* eines Individuums

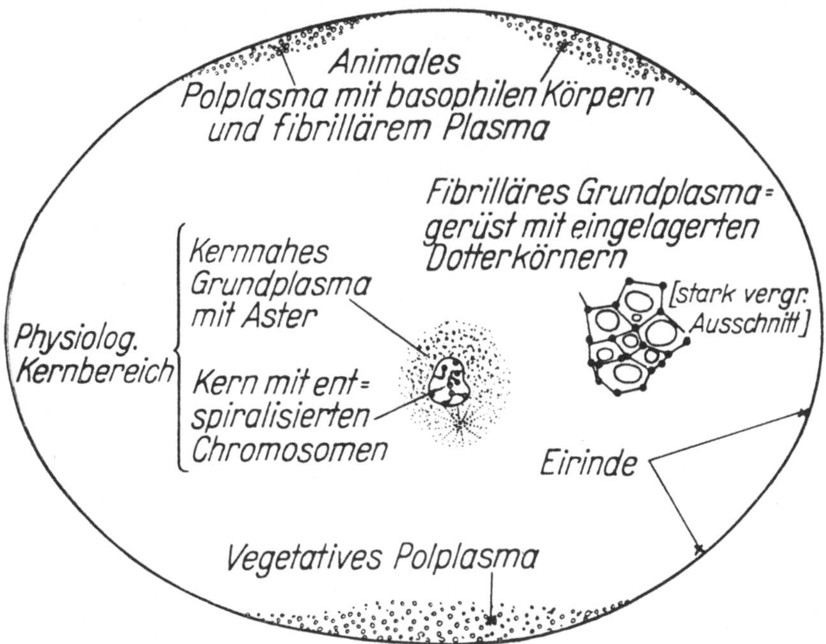

Abb. 1. Schema der plasmatischen Organisation eines befruchteten Eies von Tubifex (LEHMANN, 1947) mit den mikroskopisch nachweisbaren Strukturen. Das fibrilläre Grundplasmagerüst, in dem der Dotter eingelagert ist, enthält bei Tubifex deutlich nachweisbare Chromidien (vgl. Abb. 2). Die Polplasmen enthalten kugelige Partikel (vgl. Abb. 6).

dieselbe ist. Das Cytoplasma dagegen, in dem die Kerne liegen, ist Träger der *spezifischen Strukturen* und Fermente, die für ein bestimmtes Organ charakteristisch sind. Die Struktur des Cyto-

---

[1] Sämtliche hier wiedergegebenen elektronenmikroskopischen Aufnahmen wurden in Bern an der Abt. für Elektronenmikroskopie des Chemischen Instituts hergestellt, und zwar mit einem Instrument der Firma Trüb-Täuber in Zürich. Dafür standen Mittel der Eidg. Kommission für wissenschaftliche Forschung zur Verfügung. — Auf sämtlichen Abbildungen ist die Länge von $1\ \mu$ durch einen Maßstabstrich angegeben.

plasmas ist heute noch wesentlich weniger gut bekannt als diejenige des Kerns und seiner Chromosomen. Das beruht zum guten Teil darauf, daß die feinbaulichen Elemente des Cytoplasmas an der Grenze der lichtmikroskopischen Erfaßbarkeit liegen. Erst mit Hilfe des Elektronenmikroskops ist es möglich geworden, in die komplizierte Struktur des Cytoplasmas einzudringen. Aus den oben angeführten Gründen können aber die elektronenmikroskopischen Befunde über die Plasmastruktur nur vorläufigen Charakter haben. Immerhin geht schon aus den bisherigen Befunden hervor, daß sich im Cytoplasma tierischer Zellen *sehr reiche Populationen von geformten Gebilden* finden, die die Größe von Makromolekülen z. T. erheblich übersteigen. Wir dürfen also schon von vornherein Zellkern und Cytoplasma dahin kennzeichnen, daß sie komplex gebaute Strukturelemente enthalten und daß zwischen dem Bereich der Makromoleküle und der mikroskopischen Strukturen ein *Bereich submikroskopischer*

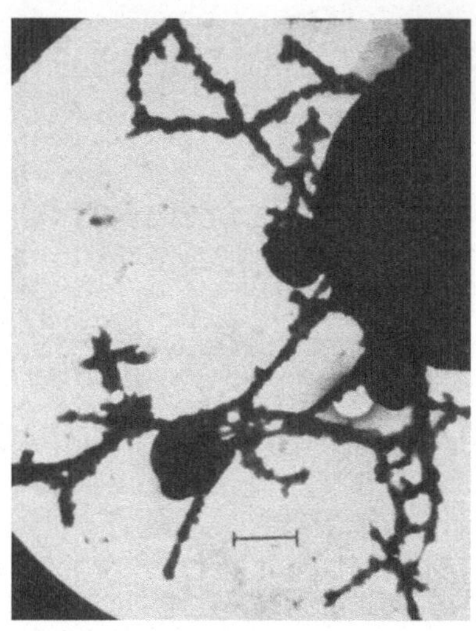

Abb. 2. Fragment des fibrillären Grundplasmagerüstes des Eies von Tubifex. Ein größeres und drei kleinere Dotterkörner im Zusammenhang mit dem Reticulum. Elektronenmikroskopisch. Strich = μ. (Vergr. etwa 7000mal.)

Struktureinheiten besteht, deren genetische Kontinuität vermutet werden muß. Solche autoreproduktiven Struktureinheiten könnte man allgemein als „*Biosomen*" bezeichnen (Lehmann 1949).

3.1. Der Zellkern.

Von der Chemie und der Struktur des Zellkerns möchte ich an dieser Stelle nur das hervorheben, was für unsere morphologische Betrachtung als wesentlich erscheint.

3.11. Kerne lebensfrischer Zellen erscheinen im Lichtmikroskop in der Regel als völlig *homogen* und lassen höchstens den Nucleolus erkennen. Von der „typischen" granulierten Struktur fixierter Zellkerne ist also im Leben nichts zu sehen. Ris und Mirsky

(1949) haben die Bedingungen aufgezeigt, unter denen sich diese „Vital"struktur der Kerne erhalten läßt. Es gelingt, sie mit Formalin oder Osmiumsäure zu konservieren. Ebenso bleibt die homogene Struktur der Kerngallerte erhalten, wenn überlebende Kerne in elektrolytfreien Lösungen suspendiert werden (Saccharose, Glycerin, destilliertes Wasser). Sowie aber Kerne in Salzlösungen oder Säuren kommen, erscheint die granulierte Kernstruktur, ebenso tritt sie nach Ultraviolett- (UV) Bestrahlung auf.

Aus cytogenetischen Befunden ist zu schließen, daß die Chromosomenfäden auch im Ruhekern als Einheiten erhalten sein müssen. Da liegt die Annahme nahe, daß im lebenden, scheinbar homogenen Kern diese Fäden in einem so stark gequollenen Zustand vorliegen, daß sie den Raum des Zellkerns als Gesamtheit in Form einer gequollenen Gelmasse völlig erfüllen. Ris und Mirsky stützen ihre Annahme durch einleuchtende Befunde, deren Deutung aber nicht unwidersprochen geblieben ist (Lamb 1949). Es wurden aus verschiedenen Säugerorganen Zellkerne isoliert. Diese Kerne wurden in Saccharoselösung suspendiert und in einem Homogenisator („Waring blender") fragmentiert. Dabei entstand stets eine Menge gallertiger Stäbchen, die von den Autoren als Chromosomen angesprochen werden. Sie sind färbbar mit Methylgrün. Diese Elemente verhalten sich ähnlich wie ganze Kerne, sie sind maximal gequollen in Saccharoselösungen und schrumpfen reversibel in Salzlösungen. Somit sprechen gute Argumente dafür, daß die Chromosomen im Ruhekern stark gequollene Gelkörper sind und daß sie relativ leicht durch Elektrolyte oder UV-Bestrahlung dehydratisiert werden können.

3.12. Chemischer Aufbau der Kerne. Es ist heute unbestritten, daß der Ruhekern wie die Chromosomen während der Zellteilung reichlich Desoxyribonucleinsäure enthalten. Cytochemisch ist sie einwandfrei nachzuweisen durch die Feulgen-Reaktion. Dies wird auch durch die neueste Literatur bestätigt (Overend u. Stacey 1949). Auch die Färbung mit Methylgrün und UV-Absorption sind zum Nachweis der DNS geeignet. Ris und Mirsky haben an den von ihnen dargestellten Ruhekernfragmenten gefunden, daß deren „Chromosomen" in ihrer Hauptmasse aus Thymonucleohiston bestehen und daß sie ihre Quellbarkeit ihrem Gehalt an Histon verdanken.

Werden die Ruhekernfragmente z. B. der Leber erschöpfend mit 1 M NaCl-Lösung extrahiert, so bleiben in NaCl unlösliche

Fäden übrig, die Ribonucleinsäure und ein Nicht-Histon-Protein enthalten: das „*Residualchromosom*". Residualchromosomen scheinen reichlich Tyrosin zu enthalten, da sie eine positive Millon-Reaktion geben. Dieser Nicht-Histon-Anteil ist besonders reichlich vorhanden in funktionell sehr aktiven Zellen, während er in Zellen mit wenig Cytoplasma und geringer Stoffwechselaktivität klein ist.

3.13. Nachdem es möglich geworden war, Zellkerne eines bestimmten Organs mit Hilfe der Citronensäuremethode zu isolieren, haben verschiedene Autoren den *DNS-Gehalt pro Zellkern* bei verschiedenen Organen, Individuen und Tierarten bestimmt (Vendrely u. Vendrely 1948, Ris u. Mirsky 1949): *Direktbestimmung*. Ferner haben Ris und Mirsky bei homogenen Kernen nach Feulgen-Färbung den DNS-Gehalt *indirekt*, nämlich durch Photometrie und Bezug auf einen Standard bekannten DNS-Gehaltes ermittelt. Für Kerne einer Art haben sich mit allen Methoden auffallend ähnliche Werte ergeben, und zwar für diploide Kerne einer Art die doppelt so hohen Werte wie für haploide Kerne (Spermien). Demnach wäre also der DNS-Anteil für aktive wie inaktive Zellen relativ konstant, im Gegensatz zum wechselnden Nicht-Histon-Anteil. Er liegt in der Größenordnung 2,4 (Hühnchenleber) und $15,8 \cdot 10^{-9}$ mg (Froschleber).

3.14. Der Nucleolus. Ein Strukturteil des Kerns, der je nach dem Funktionszustand der Zelle an Größe wie an Stoffgehalt sehr stark wechselt, ist der Nucleolus. Caspersson (1936) hat mit der UV-Methode, Brachet mit der Methylgrün-Pyroninmethode nachgewiesen, daß Nucleolen, reich an RNS und Histon, in solchen Zellen vorkommen, in denen sich intensive Proteinsynthesen vollziehen: z. B. in reifenden Ovocyten, Drüsenzellen, Nervenzellen und raschwachsenden Tumoren. Auch Zellen regenerierender Gewebe zeigen in bestimmten Phasen sehr große Nucleolen (Lehmann u. Mitarb., unveröff.). Ist so die Größe des Nucleolus ein guter Index für Protein- und evtl. RNS-Synthesen, so ist es noch in keiner Weise klar, wo die im Nucleolus angesammelten Produkte herkommen und wo sie hingehen.

3.2. Das Cytoplasma.

Genetik und Entwicklungsphysiologie der Tiere geben zahlreiche Hinweise darauf, daß das Cytoplasma im Entwicklungsgeschehen ebenso wichtig ist wie der Zellkern. Erstens wird das Cytoplasma einer Tierart in der Keimbahn von einer Generation auf die andere übertragen und liefert stets die biologischen Bauelemente für die Eizellen. Zweitens gliedert sich dieses Eiplasma im Laufe der Entwicklung in verschiedenartige organbildende Bereiche, die von lauter gleichwertigen Zellkernen besetzt sind. Wenn also später Organe mit verschiedener Struktur und physiologischer Leistung auftreten, so ist das in erster Linie auf cytoplasmatische Unterschiede in den Zellen der organbildenden Bereiche zurückzuführen. So gelangen wir zur Frage, ob sich im Feinbau des tierischen Cytoplasmas Strukturen nachweisen lassen, die für bestimmte Leistungstypen charakteristisch sind. Diese Frage kann heute nicht definitiv beantwortet werden, da die Feinstrukturforschung noch zu wenig weit entwickelt ist. Heute schon ist deutlich, daß das Cytoplasma sehr reich an submikroskopischen Gebilden ist (CLAUDE, JEENER, BRACHET, LEHMANN u. a.). Ob es aber *zellspezifische Partikelpopulationen* gibt, diese Frage kann heute noch nicht mit Sicherheit beantwortet werden. Immerhin besitzen gewisse Partikel aus Embryonalgewebe Antigeneigenschaften (SHAVER 1950).

3.21. Die Zellmembran oder das Plasmalemma. Das Plasmalemma (die äußere Plasmahaut) tierischer Zellen wird als eine besondere Differenzierung des lebenden Cytoplasmas betrachtet. Einmal spielt es in der Embryonalentwicklung mancher Formen (Echinodermen, Oligochäten) als Träger morphogenetischer Felder eine große Rolle. Ferner wird die Zellpermeabilität durch die Eigenschaften des Plasmalemmas bestimmt. Es besteht darin Einigkeit, daß das Plasmalemma häufig Proteine und Lipoide enthält (FREY-WYSSLING 1948, DE ROBERTIS, NOWINSKI u. SAEZ 1948 u. a.). Aber die Anordnung dieser Elemente im Plasmalemma konnte bisher noch nicht mit geeigneten Methoden erfaßt werden.

Eine Reihe von elektronenmikroskopischen Beobachtungen gibt einige Grundlagen für unsere Vorstellungen. Aus den Bildern von WOLPERS (zit. nach FREY-WYSSLING 1948) über den Bau der Erythrocytenmembran wie aus eigenen Befunden am Plasmalemma der Amöbe, der Eier von Tubifex und Paracentrotus läßt sich ableiten, daß das *Plasmalemma* dieser Formen *aus dichtgedrängten kugeligen Elementen* (Abb. 3) aufgebaut ist. Es könnte sich um Ketten von Proteinkugeln, die in der Membranebene reichlich

untereinander vernetzt sind, handeln, und um kugelige Lipo-
proteingebilde, die zwischen den Proteinkugeln eingelagert sind
(s. a. LEHMANN 1950). Systematische Untersuchungen über Löslichkeit und fermentative Angreifbarkeit solcher Membranen
können hier weiterführen in Verbindung mit entsprechenden
Strukturuntersuchungen.

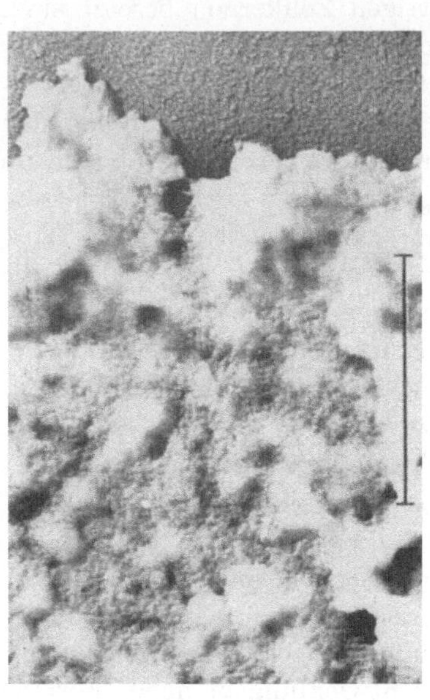

Abb. 3. Plasmalemma von Amoeba proteus,
gegen das Außenmedium gewandte Fläche.
Man beachte die feine globuläre Struktur.
Goldbeschattet, elektronenmikroskopisch.
(BAIRATI u. LEHMANN, 1951).
(Vergr. etwa 30000mal.)

Als bedeutsam mag festge-
halten werden, daß nicht nur
das Plasmalemma verschiedener
Zellen den genannten *Kugel-
folientyp* zeigt, sondern daß auch
die Membranen von Mitochondrien (MÜHLETHALER, MÜLLER
und ZOLLINGER 1950) u. Vacuolen von Amöben (BAIRATI u.
LEHMANN, unveröff.) ein ana-
loges Muster zeigen. Bei diesen
Membranen scheinen, aus der
Instabilität gegenüber manchen
Fixierern zu schließen, reichlich
Lipoide und Lipoproteine beteiligt zu sein.

*3.22. Das Grundplasma oder
Hyaloplasma.* Solange nur das
Lichtmikroskop zur Verfügung
stand, galt das Grundplasma
einer Zelle nach Entfernung aller
gröberen Strukturen (Kern, Mitochondrien, Vacuolen usw.) als
eine mehr oder weniger durchsichtige homogene gallertige Substanz. Erst für den Bereich des Submikroskopischen vermutet
man heute für diesen Teil der lebenden Zelle ein Fülle von
Strukturen (FREY-WYSSLING 1949, Bilder von PORTER in DE
ROBERTTS, NOWINSKI u. SAEZ 1948). Wir haben das *Hyaloplasma
von Amoeba proteus*, das als Prototyp des tierischen Hyaloplasmas
gilt, mit verschiedenen lichtoptischen und auch elektronenmikroskopischen Methoden untersucht (BAIRATI u. LEHMANN 1951).
Dieses Plasma hat sich als eine Suspension erwiesen, die sehr reich
an submikroskopischen kugeligen Gebilden und fein dispergierten

fädigen Proteinen ist und die gegenüber verschiedenen Bedingungen sehr labil reagiert (Abb. 4). Sie geliert nicht, wenn sie in Zuckerlösung oder in destilliertes Wasser austritt, während sie in Ca- und Mg-reichen Lösungen rasch ein gelartiges Netzwerk bildet, in das sämtliche globulären Gebilde miteinbezogen werden. Auch im Leben geht das Hyaloplasma sehr leicht vom Sol- in den Gelzustand und umgekehrt über. Vieles spricht dafür, daß das

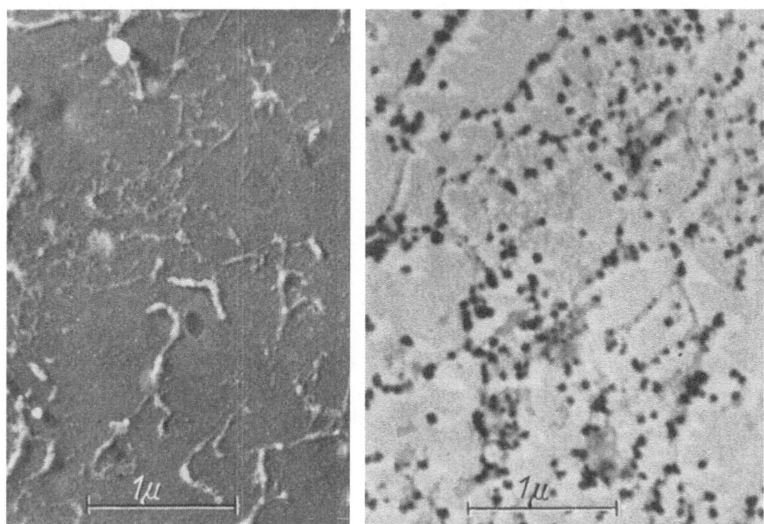

Abb. 4. Hyaloplasma der Amöbe; a) in destilliertem Wasser suspendiert und auf Folie aufpräpariert. Feinere und gröbere faserige Komplexe. Kein wesentliches Reticulum. Goldbeschattet. (Vergr. etwa 21000mal.) b) In Mg- und Ca-haltiger Salzlösung suspendiert. Deutliche Reticularstruktur, Mikrosomen großenteils in Fasern eingelagert. Transparenzbild. (BAIRATI u. LEHMANN, 1951.) (Vergr. etwa 21000mal.)

gelierte Hyaloplasma kontraktil ist und das Plasmasol in der Amöbe vorwärtstreibt. Wir vermuten, daß die von uns gefundenen Reticula bzw. Kugelsuspensionen die ersten konkreten Hinweise auf die Struktur des Hyaloplasmas einer tierischen Zelle geben.

Es mag hier beigefügt werden, daß eine reine Proteinlösung, Na-Caseinat, eine ähnliche strukturelle Labilität zeigt: je nach den Bedingungen treten kugelige Gebilde der Reticula auf. (H.WAHLI, unveröff.) Dies spricht für unsere Annahme, daß die Komponenten des Hyaloplasmas der Amöbe hauptsächlich Proteine sind, etwa im Gegensatz zu den Vacuolen, die sehr lipoidreich sind (Abb. 5).

3.23. Die Cytoplasmapartikel[1]. Schon lange sind von den Cytologen zwei Kategorien von Partikeln im Cytoplasma beobachtet worden (s. a. Monné 1948): 1. die *Mitochondrien*, lichtoptisch gut feststellbare Stäbchen oder Kugeln, die relativ lipoidhaltig und deshalb in gewissen Fixierungsgemischen sehr instabil sind; 2. die *Chromidien oder Mikrosomen*, an der Grenze der lichtoptischen Erfaßbarkeit, stark basophil, nach neueren Befunden reich an Ribonucleinsäure.

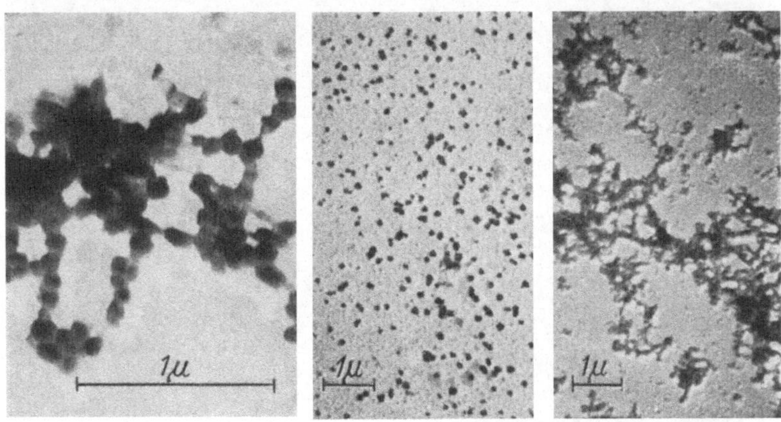

Abb. 5. a) Hyaloplasmafragment der Amöbe nach Vorfixierung mit Formalin. Charakteristische Kugelketten. (Vergr. etwa 30000mal.) b) Na-Caseinat. Globuläre Partikel. Vorfixierung Formalin und Essigsäure (Photo Wahli). (Vergr. etwa 7000mal.) c) Na-Caseinat. Reticuläre Struktur. Vorfixierung Formalin (Photo Wahli). (Vergr. etwa 7000mal.) Alles elektronenmikroskopisch und goldbeschattet.

Diese Partikel fanden von dem Zeitpunkt an steigende Beachtung, da Brachet, Jeener und Claude nachwiesen, daß diese isolierbaren Partikel einmal Träger verschiedener Fermente sind und hauptsächlich in physiologisch sehr aktiven Zellen in größerer Menge vorkommen. Auch einige entwicklungsgeschichtliche Daten sprechen für die besondere biologische Rolle der Plasmapartikel. Es wurde mehrfach beobachtet, daß auch Spermien außer dem Kern eine kleine Population von Plasmapartikeln enthalten (Hirsch 1939) und daß bei der Mitose somati-

---

[1] Die Frage des Golgi-Apparates, die noch sehr kontrovers erörtert wird, will ich nicht behandeln und verweise nur auf die Bemerkungen von R. R. Bensley: Facts versus artifacts: The Golgi Apparatus. Exp. cell res. **2**:1-9, 1951.

scher Zellen die Plasmapartikel ungefähr zu gleichen Teilen auf die Tochterzellen verteilt werden (CHRISTIANSEN 1949).

Es bildete sich in den letzten Jahren rasch die allgemein akzeptierte Annahme heraus, daß diese *Plasmapartikel zu den wichtigsten Bestandteilen des Cytoplasmas* gehören. Einerseits werden sie als Zentren des Energiehaushalts betrachtet und andererseits vermutet man in gewissen Partikeltypen, die vermutlich z. T. auch autoreproduktiv sind, die Träger spezifischer Proteinsynthesen und damit auch die Elemente morphogenetischer Funktionen (Embryonalentwicklung: BRACHET 1949, LEHMANN 1947; Tumoren: LETTRÉ 1950). Da über die biochemischen Funktionen dieser Partikel an anderer Stelle berichtet wird, möchte ich hier nur einige Befunde hervorheben, die die *morphogenetische Rolle* gewisser Plasmapartikel belegen.

Das *Ei von Tubifex* enthält wichtige organbildende Bereiche, die Polplasmen, die durch Zentrifugalkraft im Ei verlagert werden können, ohne daß die Entwicklungsleistung dieser Polplasmen durch die Zentrifugierung verändert wird (LEHMANN 1947). Daraus mußte

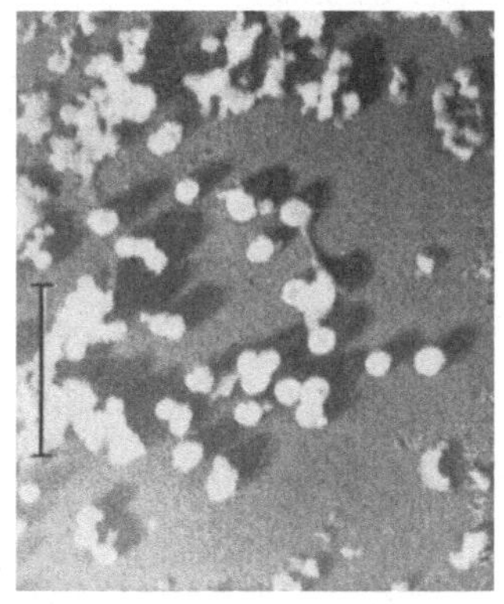

Abb. 6. Polplasmapartikel aus dem Eistadium des Tubifex-Keimes. Elektronenmikroskopisch, goldbeschattet. (Orig. BISS u. LEHMANN). (Vergr. etwa 15000mal.)

geschlossen werden, daß die Polplasmen aus mikroskopisch nicht faßbaren Partikeln bestünden, die durch die Zentrifugierung ohne Schädigung an andere Orte des Eies verlagert werden könnten. Die elektronenmikroskopische Untersuchung ergab in der Tat, daß das ganze Polplasma aus sehr kleinen globulären Partikeln besteht (LEHMANN 1951), Abb. 6. 24 Stunden nach Entwicklungsbeginn wird das gesamte Polplasma hauptsächlich auf zwei große Zellen, die Somatoblasten verteilt. Die eine Zelle (2d) bildet späterhin die äußere Keimschicht, das Ektoderm und seine Derivate. Die Partikelpopulation dieser Zelle besteht vorwiegend aus relativ kleinen kugeligen Elementen. Die andere Zelle, der zweite Somatoblast, bildet später das Mesoderm und enthält neben kleineren auch recht große Partikel von ellipsoider Form (Abb. 7).

Wir müssen annehmen, daß die ursprünglich einheitliche Partikelpopulation des Polplasmas in den zwei davon abstammenden
Zellen innerhalb von 24 Stunden verschieden wird und 2., daß die
verschiedenartige morphogenetische Leistung der beiden Somatoblasten ihr Korrelat in verschiedenen Partikelpopulationen hat.

Dafür, daß Zellen mit verschiedenen Eigenschaften auch in
ihrer Partikelpopulation verschie-
den sind, sprechen auch die Befunde an *normalen und leuk-
ämischen Leukocyten* (Bernhard,

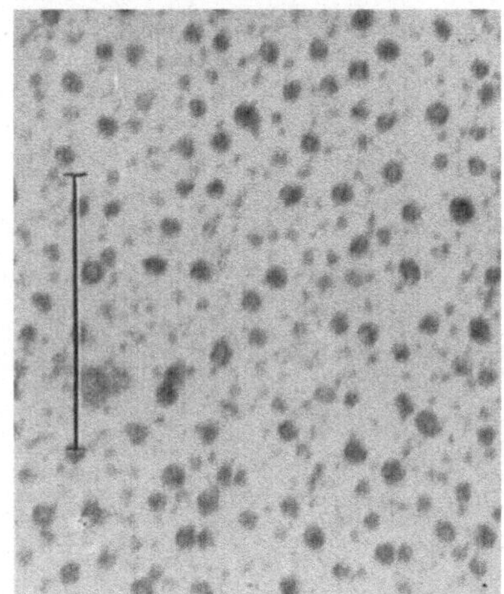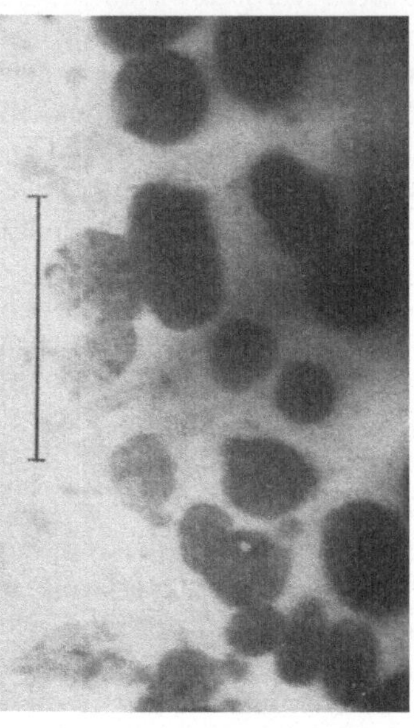

Abb. 7. Zwei verschiedene Partikelpopulationen aus zwei verschiedenen Bildungszellen des
etwa 24 Stunden alten Keimes von Tubifex. a) Mikrosomenartige Gebilde aus der Zelle 2d.
b) Mitochondrienartige Körper aus der mesodermbildenden Zelle 4d (Lehmann).
Elektronenmikroskopisch, unbeschattet. (Vergr. etwa 30000mal.)

Braunsteiner, Febvre, Haret, Klein u. Oberling 1950).
Beide Zelltypen zeigen eine deutlich strukturell verschiedene
Partikelpopulation.

Es darf wohl kaum erwartet werden, daß physiologische
Differenzen sich regelmäßig auch in Differenzen von Partikelpopulationen äußern werden. Die angeführten Befunde erlauben
es immerhin, mit dieser Möglichkeit zu rechnen.

Über den Feinbau der Plasmapartikel läßt sich noch wenig
sagen. Große Gebilde wie Mitochondrien scheinen eine Membran
zu besitzen, die ein andersartiges Inneres umschließt (Mühle-

THALER, MÜLLER u. ZOLLINGER 1950). Bei den kleineren Partikeln liegen noch keine Anhaltspunkte für einen Schichtenbau vor. Es leuchtet ein, daß bei diesem Stand unserer Kenntnisse eine gesicherte systematische Klassierung der verschiedenen Arten von Plasmapartikeln noch ausgeschlossen ist.

Bei der weiteren Untersuchung, wie weit biochemische Vorgänge und morphogenetische Prozesse miteinander gekoppelt sind, wird man stets auf den Umstand Rücksicht nehmen müssen, daß das Cytoplasma der Zellen eine Partikelpopulation besitzt. Bei der Größenordnung der Partikel ist eine enge Koppelung biochemischer, insbesondere fermentativer und struktureller Faktoren zu erwarten. Die Partikelpopulation schafft eine große Zahl kleinster Reaktionsräume, in denen chemisches und strukturelles Geschehen in bestimmten Bahnen gehalten werden kann.

4. Zellstrukturen und die Eigenschaften ihrer makromolekularen Komponenten.

Die Erforschung der Zellstrukturen, die auf einer Synthese sehr verschiedener Methoden beruht, hebt Zellstrukturen mit genetischer Kontinuität heraus: *Chromonemata* und *Plasmapartikel*. Diese autoreproduktiven Gebilde bleiben durch Generationen von Zellen bestehen, trotzdem ihre atomaren Bausteine relativ häufig ausgewechselt werden, wie aus Experimenten mit schweren oder radioaktiven Isotopen hervorgeht. Diese Träger lebenswichtiger Funktionen bestehen zu einem guten Teil aus Makromolekülen. Der spezielle chemische Aufbau der Makromoleküle und ihre genauere Anordnung in den biosomatischen Elementen sind auch mit den heutigen Methoden noch nicht zu erkennen. Immerhin gelingt es jetzt schon, zu zeigen, daß manche physikalischen und chemischen Eigenschaften, die Reaktion auf bestimmte Fixationsflüssigkeiten und die Färbbarkeit mit bestimmten Stoffen, bei diesen biosomatischen Elementen durch charakteristische Eigenschaften bestimmter Sorten von Makromolekülen gegeben sind. Es sei an die Thymonucleohistone der Zellkerne erinnert, ihre wechselnde Hydratisierung, ihre Löslichkeit in NaCl und ihre Färbbarkeit. Ähnliches gilt auch für das Plasmalemma und die Plasmapartikel. Auch hier ergeben sich aus den morphologischen Reaktionen bei verschiedenen chemischen Bedingungen im Elektronenmikroskop Rückschlüsse auf die molekularen Komponenten. Wir denken an die Instabilität mancher lipoidreicher Strukturen gegenüber sauren Fixierern und ihre gute Haltbarkeit in Formol und Osmiumsäure. Für die Erfassung des Hyaloplasmas sind schließlich, wie wir zeigten, Versuche an Proteinlösungen aufschlußreich.

Schon die bisherigen Fortschritte in der Kenntnis der Morphologie der makromolekularen Kohlenhydrate, Proteine und Nucleinsäuren haben Wesentliches dazu beigetragen, die Struktur der Zellbestandteile besser zu verstehen. So rückt das Ziel, das der Begründer der Nucleinsäureforschung, der Basler Friedrich Miescher, vor rund 80 Jahren in weiter Ferne vor sich sah, in den Bereich der experimentellen Forschung: die *biochemische Zellforschung*, die sich gleichermaßen auf die Strukturforschung der submikroskopischen Bereiche wie auf die Makromolekularchemie stützen wird.

Literatur.

Andresen, Nils: Cytoplasmic components in the ameba Chaos chaos Linné. C. r. Laborat. Carlsberg, sér. Chim. **24**, 140—184 (1942).

Bairati, A., u. F. E. Lehmann: Über die Feinstruktur des Hyaloplasmas von Amoeba proteus. Rev. Suisse Zool. **58**, 443 (1951).

Bernhard, W., H. Braunsteiner, H. L. Febvre, J. Harel, R. Klein et Ch. Oberling: Morphologie des cellules leucémiques au microscope électronique. Rev. d'Hématol. **5**, 746—763 (1950).

Brachet, J., et R. Jeener: Recherches sur des particules cytoplasmiques de dimensions macromoléculaires riches en acide pentosenucleéique. 1. Propriétés générales, relations avec les hydrolases, les hormones, les protéines de structure. Enzymologia. **11**, 196—212 (1944).

* — Biochemical and physiological interrelations between nucleus and cytoplasm during early development. Growth Symposium. **11**, 309—324 (1947).

* — The localization and the role of ribonucleic acid in the cell. Ann. N. Y. Acad. Sci. **50**, Art. 8 (1950).

Caspersson, T.: Über den chemischen Aufbau der Strukturen des Zellkernes. Skand. Arch. Physiol. **73**, Suppl. 1,1. (1936).

— Studien über den Eiweißumsatz der Zelle. Naturwiss. **29**, 33 (1941).

Chantrenne, H.: Hétérogénéité des granules cytoplasmiques du foie de souris. Biochim. et biophys. Acta 1, 437—448 (1947).

Christiansen, E. G.: Orientation of the mitochondria during mitosis. Nature (Lond.) **163**, 361 (1949).

Claude, A.: Particulate components of cytoplasm. Cold Spring Harbor Symposia Quantit. Biol. **9**, 263 (1941).

* Danielli, J. F.: Cell physiology and pharmacology. New York, Amsterdam: Elsevier 1950.

* Frey-Wyssling, A.: Submicroscopic morphology of protoplasm and its derivatives. New York, Amsterdam: Elsevier 1948.
— Physicochemical behaviour of cytoplasm. Research (London), **2**, 300—307 (1949).
* Hirsch, C. G.: Einiges über die Restitution von Produkten in tierischen Zellen. Verh. dtsch. zool. Ges. **41**; Zool. Anz. Suppl. **12**, 255—294 (1939).
Jeener, R., et J. Brachet: Association dans un même granule de ferments et des pentosenucléoprotéides cytoplasmiques. Acta biol. Belg. **1**, 476—481 (1941).
Joly, M., et B. Rybak: Biréfringence d'écoulement de complexes protéiques. Données préliminaires. C. r. Acad. Sci. Paris **1950**, 1214—1216.
Lamb, W. G. P.: Chromatin threads from cell nuclei. Nature (Lond.) **164**, 109 (1949).
* Lehmann, F. E.: Einführung in die physiologische Embryologie. S. 414. 132 Abb. Basel: Birkhäuser 1945.
— Über die plasmatische Organisation tierischer Eizellen und die Rolle vitaler Strukturelemente, der Biosomen. Rev. Suisse Zool. **54**, 246—251 (1947).
— Zur Entwicklungsphysiologie der Polplasmen des Eies von Tubifex. Rev. Suisse Zool. **55**, 1—43 (1948).
— u. R. Biss: Elektronenoptische Untersuchungen an Plasmastrukturen des Tubifex-Eies. Mit 2 Abb. Rev. Suisse Zool. **56**, 246—269 (1949).
— Die Morphogenese in ihrer Abhängigkeit von elementaren biologischen Konstituenten des Plasmas. Rev. Suisse Zool. **57**, Suppl. No. 1. 142—156 (1950).
— Globuläre Partikel als submikroskopische Elemente des tierischen Zytoplasmas. Experientia **6**, 382 (1950).
— Elektronenmikroskopische Untersuchungen an den Polplasmen von Tubifex und den Mikromeren von Paracentrotus. Arch. Klaus-Stiftg. **25**. 611—619 (1950).
Lettré, H.: Über das Verhalten von Bestandteilen von Tumorzellen bei der Transplantation. Naturwiss. **37**, 335—336 (1950).
Lewis, W. H.: Gel layers of cells and eggs and their role in early development. An. del Instit. de Biologia, Mexico **20**, 441—454 (1949).
Mazia, D.: Desoxyribonuclease and Desoxyribonucleic Acid in Development. Growth. **13**, Suppl. 5—32 (1949).
Michaelis, P.: Die Bedeutung des plasmatischen Erbgutes für die Evolution. 7. Intern. Bot. Kongreß, Stockholm, Juli 1950.
Mirsky, A. E., and H. Ris: The Nucleoprotamine of Trout sperm. Chromosin, a desoxyribose nucleoprotein complex of the cell nucleus. J. gen. Physiol. **30**, No. 2 (1946).
— — Variable and constant components of Chromosomes. Nature (Lond.) **163**, 666—667 (1949).
* Monné, L.: Functioning of the cytoplasm. Advances in Enzymology. **8**, 1—69 (1948).
Mühlethaler, K. A., F. Müller u. H. U. Zollinger: Zur Morphologie der Mitochondrien. Experientia **6**, 16—17 (1950).

Overend, W. G., and M. Stacey: Mechanism of the Feulgen Reaction. Nature (Lond.) **163**, 538—540 (1949).

Pollister, A. W., and H. Ris: Nucleoprotein determination in cytological Preparations. Cold Spring Harbor Symposia on Quantit. Biol. **12**, 47 (1942).

Ris, H., and A. E. Mirsky: The state of the chromosomes in the interphase nucleus. J. gen. Physiol. **32**, 489 (1949).

— Quantitative cytochemical Determination of Desoxyribonucleic acid with the Feulgen Nucleal Reaction. J. gen. Physiol. **33**, 125—146 (1949).

* De Robertis, E. D. P., W. W. Nowinski and F. A. Saez: General cytology. Philadelphia: Saunders 1948.

Runnström, J.: Cytology and physical chemistry. Arch. exper. Zellforsch. **19**, 132 (1937).

* Schmidt, W. J.: Polarisationsoptische Erforschung des submikroskopischen Baues tierischer Zellen und Gewebe. Verh. dtsch. Zoologen; Zool. Anz. **41**, Suppl. 12 (1939).

Schmitt, F. O.: Some commentaries on electron microscopy as applied in biology. Fed. Proc. 8, No. 2 (1949).

Shaver, R.: Antigenic activity of cytoplasmic granules from embryonic tissue. Anat. Rec. **105**, 571 (1950).

Swift, H. H.: The desoxyribose nucleic acid content of animal nuclei. Physiol. Zool. **23**, 169—198 (1950).

Takagy, S.: Contribution to the study of Mitochondria. Mem. Coll. Sci. Kyoto imp. Univ. **15**, 167 (1939).

Vendrely, R., et C. Vendrely: La teneur du noyau cellulaire en acide désoxyribonucléique à travers les organes les individus et les espèces animales. Experientia 4, 434—437 (1948).

Waugh, D. F.: The ultrastructure of the envelope of mammalian erythrocytes. Ann. N. Y. Acad. Sci. **50**, Art. 8, 835—853 (1950).

* Zusammenfassende Darstellung.

Diskussionsbemerkungen.

v. Berling (Heidelberg): Faserproteine des Achsenzylinders im Nerven und Chromosomenproteine lassen sich durch rasche Dehydratation des Ausgangsmaterials (Behandlung mit über 80%iger Glycerin-Lösung) anreichern und rein darstellen. Behandlung mit Elektrolyten jeder Art bringt die nucleinsäurehaltigen Bestandteile zum Entquellen und ergibt Präparate, die zur elektronenmikroskopischen Darstellung ungeeignet sind. Dagegen liefert die Behandlung mit Glycerin brauchbare Präparate.

Chromatinfäden kann man aus Interphasenkernen von Hühnererythrocyten nach einer ähnlichen Methode isolieren, wie sie Ris u. Mirsky angegeben haben. Wahrscheinlich entsprechen diese Chromosomen bzw. Chromosomenbruchstücken, da man charakteristische morphologische Bestandteile wie Centromere usw. erkennen kann.

Wird das Präparat auf der Blende maximal mit heißer Trichloressigsäure extrahiert, so bleibt nach fast vollständiger Entfernung der nucleinsäurehaltigen Bestandteile das übrig, was im wesentlichen dem „Residual-

Chromosom" von Ris u. Mirsky entspricht. Das auch elektronenmikroskopisch typische Faserprotein ist aus sehr feinen Fibrillen (Dicke etwa 80 bis 100 Å) aufgebaut und zeigt im Elektronenmikroskop eine typische Periode von ebenfalls 80 bis 100 Å. Die einzelnen Fibrillen sind in Zweier-Spiralen steigender Ordnung umeinandergewickelt; das Halbchromosom (üblich: Chromatid) besteht zumindest beim Hühnererythrocytenkern aus mindestens 32, vielleicht auch 64 dieser Fibrillen. Die Windungsrichtung ist nicht überall gleich; die Zwischenräume sind von einer nucleinsäurehaltigen Substanz ausgekleidet.

Wird nur wenig mit Trichloressigsäure extrahiert, so wird über der Fibrillen-Grundstruktur eine Querstruktur sichtbar, die aus Scheiben besteht, die eine echte Querverbindung zwischen den Fibrillen darstellen und die stark an eine ähnliche Struktur bei den Riesen-Chromosomen der Drosophila erinnert. Bei 16er oder 32iger Einheiten fließen diese Scheiben zusammen zu einzelnen Sammelscheiben, wobei lichtmikroskopisch ein Bild entsteht, das dem der Prophasen(-Teilungs-)Chromosomen in vielen Punkten entspricht. Möglicherweise handelt es sich hier um ein Korrelat zu Chromomeren oder zu chromomeren-ähnlichen Gliederungen.

Die Vergrößerung des Residual-Chromosomes ist wahrscheinlich nicht durch Vergröberung der Fibrillen bedingt, sondern durch eine eingelagerte nucleinsäurehaltige Substanz. Ris und Mirsky hatten gefunden, daß der Anteil des Residualchromosoms am Gesamtvolumen der Zelle mit verschiedener Stoffwechselintensität verschieden ist.

Durch die geschilderte Präparation mit wasserarmen Substanzen behalten die Chromosomen die Eigenschaft, daß sich an ihnen durch Substanzen, die im Leben Brüche hervorrufen, bruchähnliche Vorgänge herbeiführen lassen, die lichtmikroskopisch recht gut nachprüfbar sind. Elektronenmikroskopische Aufnahmen dieser Art bestehen noch nicht, so daß z. B. noch nicht zu sagen ist, ob Prädeliktionsstellen hierfür vorhanden sind.

Landschütz (Heidelberg): Im Verlauf von Arbeiten über den Zusammenhang von Zellstruktur und Vermehrung von Viren wurde auch die Substruktur des Cytoplasmas untersucht. Es wurden u. a. Faserstrukturen isoliert und eine gewisse Möglichkeit gewonnen, die Struktur von Mitochondrien näher aufzuklären. Als Testobjekt wurde Mäuseascitestumor benutzt. Die Zellen wurden mit saurem destilliertem Wasser gequollen und zum Platzen gebracht, wobei gleichzeitig Phosphorlipoproteine herausgelöst werden. Es wird ein Mitochondrium gezeigt, bei dem eine Membran zu sehen ist, wie sie vorher von Prof. Lehmann angeführt wurde und wie sie von Claude beschrieben und später von Voelle nachgewiesen wurde. Auf der Membran sind feine distinkte Abschnitte von 50 bis 80 mμ zu sehen, was ungefähr der Größe von Mikrosomen entspricht. Die feine Auffaserung, die zu sehen ist, ist wahrscheinlich durch die saure Hydrolyse entstanden. — Bei anderen Mitochondrien ist der Inhalt ausgelaugt und nur noch die Membran zu sehen, die klar durchsichtig ist und einige Mikrosomen aufgelagert hat.

Es finden sich auch Mitochondrien, die völlig ausgelaugt sind, aber ein retikuläres Netz erkennen lassen, das vielleicht Bildern gleicht, wie sie

Prof. Lehmann veröffentlicht hat (retikuläres Grundnetz). Bisher war man der Meinung, daß die Mitochondrien zwar eine semipermeable Membran, aber keine Innenstruktur aufweisen.

v. Hayek (Würzburg): Es wird auf eine Methode der Fluorescenz- oder Luminescenzmikroskopie zur Untersuchung an lebenden Leberzellen in lebenden Kalt- und Warmblütern hingewiesen, die Herr Hirt ausgearbeitet hat. Durch diese Methode läßt sich nicht nur die Eigenfluorescenz, sondern auch der Durchgang fluorescierender Stoffe durch die Zelle und auch durch den Zellkern nachweisen. Man konnte an der Mäuseleber den Eintritt fluorescierender Stoffe in den Kern, das Entstehen einer deutlichen fluorescierenden Kernstruktur und die Absonderung der fluorescierenden Stoffe in die gebildete Galle beobachten. Da an anderen Stellen der Leber, die nicht UV-Licht ausgesetzt waren, gleichartige Vorgänge abliefen, konnte nachgewiesen werden, daß die beobachteten Veränderungen nicht als Kunstprodukte infolge Schädigung durch UV-Licht aufzufassen sind.

Schramm (Tübingen): Frage an Herrn Prof. Lehmann: Glauben Sie, daß ein genetischer Zusammenhang zwischen Mikrosomen und Mitochondrien besteht, daß also aus den Mikrosomen die Mitochondrien werden, wie verschiedentlich in der Literatur behauptet wird ?

Ortmann (Frankfurt/M.): Die Meinung, daß die Nucleolen aus Histonen und Ribonucleinsäuren zusammengesetzt sind, scheint ziemlich einheitlich zu sein, wohingegen die Angaben über die Bedeutung der Nucleolen für den Eiweißstoffwechsel des Cytoplasmas sehr verschieden sind. Die Amerikaner erkennen zwar an, daß die Nucleolen sich vergrößern. Es besteht aber keine einheitliche Meinung, ob dies mit dem Eiweißstoffwechsel verbunden ist, wohingegen die Caspersssonsche Schule sehr sicher einen solchen Zusammenhang annimmt. Eigene Erfahrungen haben gezeigt, daß man an ein und denselben Zellen in verschiedenen Funktionszuständen Nucleolen verschiedener Größen sehen kann. Es wurden Ganglienzellen im Hypothalamus, Nucleus paraventricularis und supraopticus osmotischen Einwirkungen ausgesetzt und hierdurch die Ganglienzellen und parallel die Nucleolen zur Vergrößerung bis etwa 50% gebracht. Dabei tritt auch eine Strukturänderung des Nucleolus auf, wobei die Ribonucleinsäuren nicht so stark vermehrt werden, als daß ihre Oberfläche aufgelockert wird und daß man in den vergrößerten Nucleolen Räume findet, die von anderen Substanzen erfüllt werden. Die Oberflächenvergrößerung der Nucleolen in solchen Funktionszuständen kann vielleicht weiterhelfen, die Annahme der Casperssonschen Schule über die Beziehung der Nucleolen zum Eiweißstoffwechsel auszubauen.

Kühnau (Hamburg): Von Herrn Prof. Lehmann wurden an Strukturelementen der Zelle nur die Mitochondrien und Mikrosomen erwähnt. Wird das dritte Strukturprinzip, das die Anatomen besonders bewerten, der Golgiapparat, unter diese beiden Gruppen aufgeteilt ?

Haenel (Mannheim): Es wird über eigene Untersuchungen in der med· Poliklinik in Bern berichtet, die von den Casperssonschen Untersuchungen ausgehen, und die Nucleolen und Nucleinsäuren besonders berücksichtigen. Methylenblaulösungen von pH 4,9 (pH unterhalb des isoelektrischen Punktes der Thymo- bzw. Desoxyribonucleinsäure und oberhalb des isoelektrischen Punktes der Ribose-Nucleinsäure) färben nur den Nucleolus und das Cytoplasma an. Es handelt sich dabei um alkoholfixierte Zellen und zunächst werden die Globulinbildner des Knochenmarks gezeigt. Nach der CASPERSSONschen Schule müßte im Falle der Globulinsynthese der Nucleolus-Apparat besonders stark ausgeprägt sein; in allen folgenden Bildern sieht man den basophil besonders stark angefärbten Nucleolus, den man aber nur in solchen Zellen findet, die offenbar in Eiweißsynthese begriffen sind. Es werden dann Erythroblasten gezeigt, die auch diesen starken Nucleolus aufweisen.

In einem folgenden Diapositiv sind Erythroblasten *ohne* deutlich anfärbbaren Nucleolus zu sehen. Es handelt sich um ein Sternalpunktat, das im Anschluß an eine Anämie nach bereits erfolgter Rückbildung der Regeneration gewonnen wurde. Bei Perniciosablutzellen ist die Nucleolenbasophilie ganz schwach, wahrscheinlich auf Grund einer Nucleinsäurestoffwechselstörung.

Man kann also Rückschlüsse aus der Größe und Basophilie der Nucleolen auf ihre Funktion ziehen.

PETTE (Hamburg) erhebt die Frage, ob nicht fast alles, was an der Zelle sichtbar wird, Reaktionsprodukte sind, una fragt Herrn Prof. LEHMANN: ,,Was sind die Einschlußkörperchen: sind es Fremdelemente oder Reaktionsprodukte ?''

LEHMANN (Bern): Die bisherigen Fragen sollen etwas schematisch zusammenfassend beantwortet werden: Auf die Frage nach der Natur der geformten Teile des Plasmas (z. B.: sind die Mitochondrien etwas anderes als die Mikrosomen) läßt sich noch keine entscheidende Antwort geben. Man weiß lediglich aus Filmaufnahmen, daß bei der Zellteilung jede der beiden Tochterzellen ungefähr die Hälfte der Mitochondrien mitbekommt. Die geringe Größe der Mikrosomen läßt ähnliche lichtmikroskopische Untersuchungen nicht zu. Ferner weiß man noch nicht, ob die Mikrosomen in die Mitochondrien übergehen; hierüber liegen keinerlei Befunde vor.

Die Mitochondrien dürften strukturell sehr instabile lipoidhaltige Körper sein; in den Mikrosomen scheint ziemlich viel Ribonucleinsäure enthalten zu sein. Ferner hat man gefunden (SHAVER), daß manche Mikrosomen auch Antigeneigenschaften haben, also spezifische Substanzen enthalten.

Über die Existenz des Golgi-Apparates besteht eine Kontroverse. Einerseits wird in einer neuen Arbeit von CLAUDE u. PALLADE lichtmikroskopisch nachgewiesen, daß der Golgi-Apparat ein Artefact sei, andererseits hat BENSLEY im Journal of Experimental Cell Research festgestellt, daß man in vivo bei gewissen Zellen den Golgi-Apparat sehen kann. Auf die Frage nach den Einschlußkörperchen kann der Vortragende keine eigenen Erfahrungen anführen. Zu den Angaben von v. BERLING u. LANDSCHÜTZ wird hinzugefügt, daß kürzlich in ,,Science'' ähnliche Bilder von Hühner-Chromosomen mit Spiralwindungen gezeigt wurden. Der Faden ist sehr resistent. Man kann ihn seiner Nucleinsäure teilweise berauben. Die Chromomeren sind, wie auch aus den hier gezeigten Bildern hervorgeht, Stellen, wo mehr dichtes Material liegt, wohingegen Ris kürzlich behauptet hat, daß die Chromomeren Stellen stärkerer Spiralisierung sind.

Bei retikulärer Struktur der Mitochondrien könnte es sich auch hier um einen resistenten Anteil der Membran handeln.

Eigene Beobachtungen an Vacuolenmembranen der Amöbe lassen resistente und weniger resistente Teile vermuten. Behandelt man diese mit Lipoidsolventien, so verschwindet der lösliche Teil und der unlösliche Rest bleibt übrig.

PIEKARSKI (Bonn): Hinweis auf einen Film, den Herr MICHEL, Zeiß-Werke, schon vor etwa 10 Jahren gedreht hat, über die Spermatogenese an einer Heuschreckenart (Phasenkontrastmikroskop). Es wird dort gezeigt, daß bei der Zellkernteilung neben den Chromosomen eine besondere Struktur aus einzelnen Elementen auftritt, die als Golgi-Apparat oder Mitochondrien bezeichnet werden, im Leben ganz deutlich in wogender Bewegung zu sehen ist und sich auf die beiden Tochterzellen aufteilt.

PETERS (Hamburg): Es wird anhand einiger elektronenoptischer Aufnahmen von Reticulocyten bei Mäusen nach einer von Bartonellen ausgelösten Anämie gezeigt, daß bei der Hämolyse während der Reticulocytenkrise in den Zellen Strukturen auftreten, die rein äußerlich den Mitochondrien stark ähneln. Es handelt sich um bläschenartige Gebilde verscniedener Größe von etwa 0,2 bis 0,8 μ, die man evtl. als Mitochondrien bezeichnen könnte. Sie scheinen eine semipermeable Membran zu haben, färben sich aber mit Janus-Grün nicht, was sie substanziell von den von CLAUDE u. VOELLE beschriebenen Mitochondrien unterscheidet. Die gleichen Körper ließen sich auch lichtoptisch durch Färbung mit Brom-Thymolblau beobachten, so daß es sich nicht etwa um Artefakte des Elektronenmikroskopes handelt.

KAUSCHE (Heidelberg): Zur Frage des Charakters der Einschlußkörperchen läßt sich vielleicht die Anschauung HYDENs heranziehen, der in Anlehnung an die CASPERSSONsche Schule annimmt, daß entweder der Zellkern oder der Nucleolus eine lebhafte Eiweiß- und Nucleinsäurebildung bzw. -umbildung vollbringen und diese Substanzen an Prädilektionsstellen in die kernnahe Zone des Cytoplasmas ausschwemmen. Nach eigener Hypothese kann es durch Anhäufung dieser Substanzen zu Depots kommen, die dann durch gewisse Einwirkung des Zellstoffwechsels evtl. eine Eigenwirkung annehmen.

LEINER (Mainz) weist auf Bilder hin, die Frau SCHRADER, New York (Chromosoma 1948/49), veröffentlicht hat. Auf ihnen ist zu sehen, daß Mitochondrien sich durch lange Desmosen querteilen und innerhalb des sog. Hydrochromosoms nahe der Spindel sitzen. Man sieht auch bei den Mitochondrien ganz ähnliche Figuren wie bei der Mitose, was bedeuten würde, daß eine ziemlich differenzierte Organisation für die Verteilung der Mitochondrien auf die beiden Tochterzellen vorliegt. Andererseits liegen vielfache eigene Beobachtungen vor, daß die Mitochondrien sich unabhängig von der Kernteilung wild vermehren können, was für einen generellen Unterschied gegenüber den Chromosomen spricht, die immer eine konstante Zahl einhalten.

Schramm (Tübingen): Die von Herrn Peters gezeigten Bläschen in den Reticulocyten erinnern stark an Cystidien, die als Krankheitserreger bei Ratten und Mäusen häufig vorkommen. Könnte es sich bei den untersuchten Tieren um solche Krankheitserreger handeln?

Peters (Hamburg): Die Untersuchungen bei der Bartonellen-Anämie der Mäuse wurden auch auf Perniciosa-Fälle von Menschen und auf Phenyl-hydrazin-Anämien bei Ratten ausgedehnt und überall die gleichen Formen gefunden. Weiterhin spräche die Färbbarkeit mit Bromthymolblau gegen die Annahme, daß es sich um Cystidien handelt. Ferner besteht in der Literatur ziemliche Einigkeit darüber, daß es sich bei diesen Körpern um eine Darstellungsform der Substantia reticulo-filamentosa handelt.

Lehmann (Bern): Es wird abschließend bestätigt, daß die Mitochondrien und die kleineren Partikel der Zelle sich nicht nur in der Mitose vermehren können und daß sie sich dadurch wesentlich von den Chromosomen unterscheiden.

Aus dem Physiol.-Chem. Institut der Universiät Mainz.

Lokalisation der Fermente und Stoffwechselprozesse in den einzelnen Zellbestandteilen und deren Trennung.

Von

K. Lang (Mainz).

Will man einen näheren Einblick in die Funktionen der einzelnen Zellbestandteile erhalten, so kann man auf zweierlei Weise vorgehen.

1. Durch Arbeiten an einzelnen Zellen, die z. B. nach Zentrifugieren in einzelne Segmente zerschnitten werden, deren Stoffwechsel untersucht wird. Die Vorteile und Nachteile dieses Vorgehens liegen auf der Hand. Diese Versuchsanordnung bietet den großen Vorteil, daß ein biologisch einheitliches und genau definiertes (z. B. bezüglich Funktion) Material zur Untersuchung gelangt. Der Nachteil besteht darin, daß kleinste Umsätze gemessen werden müssen, was die Entwicklung besonderer und diffiziler Meßmethoden verlangt, und daß nicht jede chemische Reaktion erfaßt werden kann. In derselben Richtung liegen Untersuchungen mit histochemischen Methoden, deren Vorteile und Nachteile etwa gleich gelagert sind.

2. Durch Zerlegung einer größeren Gewebsmenge in einzelne Zellbestandteile und deren getrennter Untersuchung. Der große Vorzug eines derartigen Vorgehens ist der, daß man mit großen Substanzmengen arbeiten kann und dadurch in der Lage ist, auch solche biochemische Reaktionen verfolgen zu können, bei denen die Umsätze klein sind. Dem steht der Nachteil gegenüber, daß man ein biologisch uneinheitliches Material hat. Denn ein Organ besteht aus Zellen verschiedener Art, verschiedenen Funktionszustandes und verschiedenen Alters. Sicherlich sind viele Diskrepanzen von Ergebnissen auf diesen Punkt zurückzuführen.

In dem vorliegenden Referat soll nur auf die mit der letzteren Methode erhaltenen Ergebnisse eingegangen werden. Weiterhin soll die Darstellung auf die Verhältnisse bei den durchschnittlichen Körperzellen, etwa Leberzellen, Nierenzellen, Muskelzellen usw. beschränkt bleiben, und Zellen mit ganz einseitigen

Funktionen, wie z. B. Spermatozoen, Eizellen niederer Tiere, kernhaltige Erythrocyten nicht berücksichtigt werden, obwohl diese die ersten Objekte der Erforschung einzelner Zellbestandteile, vor allem des Zellkerns gewesen sind. Denn sie sind leicht zugänglich, da die Abtrennung des Zellkerns vom Plasma der Zellen mühelos zu bewerkstelligen ist. Aber ihre äußerst spezialisierte Funktion hat zur Folge, daß der Stoffwechsel einseitig auf sie zugeschnitten ist, so daß allgemeingültige Ergebnisse bei ihnen nicht zu erwarten sind.

Die Gewinnung der einzelnen Zellfraktionen schließt im wesentlichen zwei Arbeitsgänge ein: die Zertrümmerung der Zellen und die Abtrennung der einzelnen Bestandteile. Die verschiedenen Methoden, die bisher vorgeschlagen worden sind, unterscheiden sich nur bezüglich Art der Zerkleinerung der Zellen und der Bedingungen, unter denen sie erfolgt, wobei insbesondere das Medium von Bedeutung ist. Für die Trennung der Fraktionen machen alle Autoren von der fraktionierten Zentrifugierung Gebrauch, da Zellkerne, große und kleine Partikelchen sich verschieden leicht sedimentieren lassen.

Der wundeste Punkt ist die Zerstörung der Zellen, die so geleitet werden muß, daß auf der einen Seite keine ganzen Zellen erhalten bleiben, auf der anderen Seite die morphologischen Teilstrukturen der Zellen intakt bleiben, damit keine Artefakte entstehen. Weiterhin muß vermieden werden, daß durch Adsorption Verschiebungen in der Zusammensetzung der Fraktionen entstehen oder daß durch zu starke Mißhandlung Enzyme aus ihren Verbänden gerissen oder gar inaktiviert werden. Auf diese Punkte wird noch ausführlich zurückzukommen sein.

Darstellung von Zellkernen.

M. BEHRENS hat als erster Zellkerne aus Organzellen dargestellt und untersucht. Er unterwarf das Gewebe zuerst einer Gefriertrocknung, zerrieb dann das Trockenpulver in einer eigens zu diesem Zweck konstruierten Mühle zu einem feinen Pulver und brachte dieses dann in ein Gemisch aus Benzol und Tetrachlorkohlenstoff von bestimmter Dichte, so daß das spezifisch leichtere Zellplasma sich oben ansammelte, während die spezifisch schwereren Kerne zu Boden sanken. Der Vorteil des Verfahrens von

Behrens ist darin zu erblicken, daß keine wasserlöslichen Substanzen aus den Kernen extrahiert werden. Dagegen ist es mit dieser Methode nicht möglich, empfindlichere Enzymsysteme zu erfassen. Ein weiterer großer Nachteil besteht darin, daß die Membran der Zellkerne zumeist verletzt wird.

Ein anderes Verfahren zur Darstellung von Zellkernen stammt von A. L. Dounce. Das zerkleinerte Material wird in einem Waring Blendor oder in einem Homogenisator eigener Konstruktion mit Wasser unter Zusatz von Citronensäure bei p_H 6 zerkleinert. Dann werden die Kerne abzentrifugiert, mehrmals in Wasser resuspendiert und wieder sedimentiert. Die Methode von Dounce bietet viel Anlaß zur Kritik, durch den von ihm angegebenen scharfkantigen Homogenisator werden viele Kerne beschädigt, außerdem wird ein großer Teil des Inhalts extrahiert und es werden osmotische Schäden gesetzt. Daher enthalten die Arbeiten von Dounce viele unrichtige Angaben.

Wesentlich besser ist die Methode der Zellkerndarstellung von G. E. Hogeboom, W. C. Schneider und G. E. Pallade, welche die Zellen nicht mit Wasser oder Elektrolytlösungen behandeln, weil dadurch die Zellkerne deutlich verändert werden, was sich schon allein in ihrem färberischen Verhalten erkennen läßt. Alle Operationen werden von den Autoren in einer Anelektrolytlösung, und zwar in einer 0,88 m-Rohrzuckerlösung durchgeführt. Mit ihrem Verfahren erhält man histologisch unveränderte Kerne. Die einzigen Bedenken, die wir gegen das Verfahren von Hogeboom und Mitarbeiter haben, ist die Art der Zertrümmerung der Zellen in einem Homogenisator, wodurch nach unseren Erfahrungen ein beträchtlicher Teil der Zellkerne beschädigt wird. Außerdem erhält man die Zellkerne zumeist stark verunreinigt mit intakten Zellen und Erythrocyten, eine Fehlerquelle, die von den Autoren selbst ausdrücklich hervorgehoben wird, aber nicht von allen Nachuntersuchern gebührend beachtet wurde. Durch Reinigung der von Hogeboom erhaltenen Kernfraktion kamen C. P. Barnum, C. W. Nash, E. Jennings, O. Nygaard und H. Vermund zu sehr reinen Zellkernpräparaten. Zu histologisch einwandfreien Zellkernen führt auch das Vorgehen von K. M. Wilbur und N. G. Anderson. Diese verzichten auf eine ausgiebige mechanische Zerkleinerung des Materials in einem elektrisch betriebenen Homogenisator und verwenden nur ein mit der Hand betriebenes Gerät und treiben dann das zerkleinerte Gewebe durch ein Seidentuch durch. Die Zerkleinerung wird in einer Salzlösung vorgenommen, die eine dem Zellplasma entsprechende Zusammensetzung hat. Dann werden die Kerne in üblicher Weise durch Zentrifugieren abgetrennt. Die Reinigung erfolgt durch Suspendieren in stark zuckerhaltigen Elektrolytlösungen und mehrmalige Resedimentierung. Vielfach wurde auch das zur Suspension der Kerne benutzte Medium in dem Sinne modifiziert, daß der Zuckerlösung noch Elektrolyte insbesondere Calcium zugesetzt wurde.

Wir haben besonderen Wert auf die Verhütung mechanischer Beschädigung der Kerne gelegt und ein Verfahren zur Darstellung von Zellkernen entwickelt, bei dem nur geringe, dosierbare Scherkräfte auf die Zellen einwirken und die Zellen nur mit glatt geschliffenen Oberflächen in Berührung kommen, so daß Verletzungen der Zellkerne praktisch ausgeschlossen sind. Ein gutes Kriterium für die Intaktheit der Zellkerne bietet u. a. das Erhalten der Nucleoli, die bei der Mißhandlung von Zellkernen leicht aus ihnen geschleudert werden. Wir glauben, daß die möglichst weitgehende Struktur der Zellkerne zum Studium vieler Fragen ihrer Funktion von entscheidender Bedeutung ist, weil in morphologisch geordneten Systemen der Ablauf mancher Reaktionen durch Zerstörung der Ordnung modifiziert und gestört wird. Die Verhältnisse bei den Mitochondrien bieten viele Beispiele für die Wichtigkeit der Erhaltung der Struktur.

Darstellung der Mitochondrien und Mikrosomen.

Die erste Darstellung der Mitochondrien erfolgte durch R. R. Bensley und N. L. Hoerr im Jahre 1934. Ihr Verfahren wurde von A. Claude sowie von G. Hogeboom, W. C. Schneider und G. E. Pallade wesentlich verbessert. Prinzipiell geschieht die Abtrennung der Mitochondrien durch fraktionierte Zentrifugierung der zertrümmerten Zellen. Die Kerne, welche durch ihren hohen Gehalt an Nucleotiden das höchste spezifische Gewicht aller Zellbestandteile haben, sedimentieren schon bei geringen Zentrifugalkräften. Nach der Entfernung der Zellkerne erfolgt dann die Abzentrifugierung der Mitochondrien, wozu etwa 20000—25000 g erforderlich sind. Aus dem erhaltenen Zentrifugat läßt sich bei noch schärferer Zentrifugierung (40000

bis 100000 g) die Fraktion der Mikrosomen („kleine Partikelchen")
gewinnen. Auf diese Weise kann man eine Zelle in 4 Fraktionen
zerlegen: Zellkerne, Mitochondrien, Mikrosomen und das von allen
Partikelchen befreite Zellplasma. Zur Erhaltung möglichst in-
takter Zellfraktionen müssen eine Reihe von Kautelen beachtet
werden: Vermeiden der Extraktion von Bestandteilen durch
Salzlösungen, Arbeiten bei tiefer Temperatur, um nur die wichtigsten herauszugreifen. Eine Kontrolle der Präparationen durch
das morphologische Bild ist unerläßlich.

Durch einmalige Sedimentierung der einzelnen Fraktionen
erhält man nur unreine Präparate. Will man bestimmte Stoffwechselleistungen einer bestimmten Fraktion zuordnen, so muß
man diese durch Resuspendierung in einem geeigneten Medium
(zumeist verwendet man die 0,88 m-Zuckerlösung) und erneutes,
mitunter mehrfach wiederholtes Zentrifugieren reinigen. Hierbei
entstehen naturgemäß mehr oder minder beträchtliche Substanz-
verluste. Reine Mitochondrien dürfen nicht verklumpt sein. Eine
reine Mitochondriensuspension ist gelb gefärbt und zeigt Strömungsdoppelbrechung. Reine Mikrosomen (submikroskopische
Partikelchen) haben eine auffällige rote Farbe. R. R. Bensley
hat wahrscheinlich gemacht, daß diese erst bei der Aufarbeitung
entsteht und durch Oxydation ungesättigter Fettsäuren bedingt
wird.

Beim Studium der Verteilung von Enzymen auf die einzelnen
Zellfraktionen läßt sich infolge der Verluste, welche mit einer Resuspendierung und einem wiederholten Zentrifugieren verbunden
sind, eine Reinigung der Fraktionen zumeist nicht durchführen.
Infolgedessen sind die in solchen Versuchen gewonnenen Ergebnisse, so interessant und wichtig sie auch sind, mit einem gewissen
Vorbehalt zu betrachten. Vor allem darf die Präzision der Zahlen-
angaben nicht überschätzt werden. Die Zellkernfraktion pflegt
in derartigen Versuchen mit Erythrocyten, ganzen Zellen und
nicht vollständig zertrümmerten Zellen verunreinigt zu sein.
Die Fraktion der Mitochondrien enthält mitunter noch einige
Zellkerne. Problematisch ist auch die Fraktion Zellplasma, deren
Reinheit von der Leistungsfähigkeit der zur Verfügung stehenden
Zentrifuge abhängt. Wenn sie bei 50000 g von den Mikrosomen
befreit wurde, so läßt sich bei Zentrifugieren mit 100000 g erneut
Material niederschlagen.

Die Tab. 1 gibt einen Überblick über die Verteilung des N und der Ribonucleotide auf die einzelnen Fraktionen der Leberzellen und die Beeinflussung durch eiweißarme Ernährung.

Tabelle 1. *Verteilung von N und Ribonucleotiden auf die Fraktionen von Rattenleberzellen* (S. SEIFTER, E. MUNTWYLER und D. M. HARKNESS). *Eiweißmangel durch 5 Wochen eiweißfreie Diät.*

	Normal	Eiweißfreie Diät
Zellkerne		
mg N pro g Leber	6,6	6,3
% des Gesamt-N	21,3	27,7
Mitochondrien		
mg N pro g Leber	5,5	3,2
% des Gesamt-N	18,0	14,0
Mikrosomen		
mg N pro g Leber	6,7	4,4
% des Gesamt-N	21,2	19,3
Zellplasma . . .		
mg N pro g Leber	12,6	10,0
% des Gesamt-N	41,3	43,7
Zellkerne		
mg Ribonucleotid pro g Leber	1,15	1,30
% der gesamten Ribonucleotide	15,4	19,1
Mitochondrien		
mg Ribonucleotide pro g Leber	0,6	0,6
% der gesamten Ribonucleotide	8,0	8,2
Mikrosomen		
mg Ribonucleotide pro g Leber	3,8	2,8
% der gesamten Ribonucleotide	50,4	40,3
Zellplasma		
mg Ribonucleotide pro g Leber	2,57	3,1
% der gesamten Ribonucleotide	34,4	44,3

Von allen Zellfraktionen werden die Zellkerne am wenigsten durch äußere Einflüsse (z. B. Art der Ernährung) beeinflußt.

Verteilung der Enzyme auf die einzelnen Zellfraktionen.

a) Zellkerne.

Die morphologische Forschung hat schon vor vielen Jahrzehnten die wichtigste Funktion des Zellkerns aufgedeckt: als Träger der Erbmasse der Zelle zu dienen und die Erbmasse bei der Teilung der Zelle in einer gesetzmäßigen Weise weiterzugeben. Durch histochemische Arbeiten, vor allem durch die Unter-

suchungen von T. O. Caspersson wurde die Aufmerksamkeit auf
eine weitere Funktion des Zellkerns gelenkt, seine Beteiligung bei der
Eiweißsynthese. Caspersson formuliert den Vorgang der Eiweißsynthese im Zellkern einer normalen Metazoenzelle folgendermaßen:

„Ein bestimmter Teil des Chromatin, genannt ‚das mit dem
Nucleolus verknüpfte Chromatin‘, produziert Substanzen von
Eiweißnatur. Man hat. Anhaltspunkte dafür, daß diese Sub-
stanzen beträchtliche Mengen an Diaminosäuren enthalten. Diese
häufen sich an und bilden den Hauptbestandteil eines großen
Nucleolus. Von dem Nucleolus diffundieren sie zur Zellkern-
membran, an deren Außenseite eine intensive Produktion von
Ribonucleotiden stattfindet. Zur selben Zeit nimmt die Menge an
Proteinen des Cytoplasmas zu.“

Dem Zellkern fehlen alle bei der biologischen Oxydation be-
teiligten Enzymsysteme. Zellkerne enthalten weder das Warburg-
Keilin-System noch gelbe Fermente, Bernsteinsäureoxydase oder
andere Oxydationsfermente. Auch die meisten Dehydrasen sind
abwesend bzw. in einer nur sehr geringen Konzentration vorhanden. Bei denselben Fermenten und Dehydrasen fehlen nach
unseren Untersuchungen sowohl die Apofermente als auch die
Cofermente. Denn auch durch Zusatz der prosthetischen Gruppe,
etwa von Flavinadenindinucleotid läßt sich kein Umsatz der be-
treffenden Substrate (Xanthin, d-Aminosäuren, l-Aminosäuren)
erzielen, ebensowenig Dehydrierungen durch Zusatz von Diphos-
phopyridinnucleotid (Cozymase). Das Fehlen jeder Sauerstoffaufnahme nach Zusatz von Bernsteinsäure ist für die Zellkerne so
charakteristisch, daß man es als Kriterium für die Reinheit der
Zellkernpräparationen verwenden kann.

Im Gegensatz zu früheren Untersuchern fanden wir, daß Zellkerne zu einer, wenn auch nicht sehr umfangreichen anaeroben
Glykolyse befähigt sind. Die von uns erhaltenen Werte für den
Q_M^{N2} liegen bei 0,03—0,04. Wir glauben, daß die von uns beobach-
tete anaerobe Glykolyse der Zellkerne auf deren bessere morphologische Erhaltung bei unserem schonenden Darstellungsverfahren
zurückzuführen ist. Zellkerne glykolysieren jedoch nur, wenn
man ihnen Hexosediphosphat als Substrat zur Verfügung stellt,
und sind nicht in der Lage, Glucose und Fructose zu phosphory-
lieren; sie können auch nicht Hexose-6-phosphat weiter zum
Hexosediphosphat verestern.

Dagegen ist der Zellkern reichlich mit allen denjenigen Fermenten ausgestattet, welche zur Aufspaltung bzw. Synthese seiner wichtigsten Bausteine (Eiweiß, Desoxyribonucleotide, Ribonucleotide, Lipoide) benötigt werden. Man findet also in den Zellkernen Kathepsin, Peptidasen, Desoxyribonuclease, Ribonuclease, Esterasen, Phosphatasen, Lipasen.

Praktisch die gesamte Desoxyribonuclease einer Zelle befindet sich im Zellkern. Jede weitere Umsetzung der Desoxyribonucleotide hat die vorhergehende Depolymerisierung durch die Desoxyribonuclease zur Voraussetzung. Dieses Enzym nimmt daher im Stoffwechsel der Desoxyribonucleotide eine einzigartige Stellung ein, vergleichbar etwa mit der Stellung der Hexokinase im Zuckerstoffwechsel. Wer diese erste Reaktion des Desoxyribonucleotidstoffwechsels bzw. Zuckerstoffwechsels beherrscht, beherrscht auch alle sich daran anschließenden Umsetzungen. Daher greifen auch alle hormonalen Regulationen des Zuckerstoffwechsels (Insulin, Hypophysenvorderlappen, Adrenalin) an der Hexokinasereaktion an. Auch die Regulation des Desoxyribonucleotidstoffwechsels erfolgt über das erste beteiligte Enzym, also die Desoxyribonuclease. Die Steuerung des Stoffwechsels der Desoxyribonucleotide als Träger der Gene ist für die Zellen von einer fundamentalen Bedeutung. Die Natur hat daher verschiedene Wege zur Steuerung des Stoffwechsels dieser so wichtigen Substanz gefunden. Wie wir festgestellt haben, liegt die Desoxyribonuclease in den Zellkernen in einer praktisch vollkommen inaktiven Form vor. Sie wird erst vollaktiv, wenn man Mg^{++} ($5 \cdot 10^{-3}$ m) zusetzt. Wir nehmen daher an, daß die Aktivität des Enzyms durch das Ausmaß der Aufnahme von Mg^{++} in den Zellkern gesteuert wird. In den Zellen, in denen die Erhaltung der Erbmasse von einer ganz besonderen Wichtigkeit ist, wie z. B. in den Spermatozoen, ist ein weiterer Sicherheitsfaktor eingeschaltet. E. J. COOPER, M. L. TRAUTMANN und S. LASKOWSKI haben in solchen Zellen einen spezifischen Hemmstoff für die Desoxyribonuclease aufgefunden. Es handelt sich um ein Protein, das sich in einer umkehrbaren Reaktion mit dem Enzym unter stöchiometrischen Verhältnissen zu einem unwirksamen Komplex vereinigt. Unsere Bemühungen im Blut, vor allem im Blut von Tumorträgern einen Inhibitor für die Desoxyribonuclease nachzuweisen, waren erfolglos. Die Aktivität der Desoxyribonuclease ist in normalen und malignen Geweben gleich groß.

Untersuchungen zahlreicher Autoren mit radioaktiven Isotopen haben übereinstimmend ergeben, daß die Umsatzgeschwindigkeiten der Desoxyribonucleotide wesentlich geringer ist als die der Ribonucleotide (Tab. 2). Es ist zu vermuten, daß die älteren Versuche mit P^{32} aus hier nicht näher zu erörternden Gründen nicht ganz beweiskräftig sind.

Tabelle 2.

Verhältnis der Umsatzgeschwindigkeiten von Desoxyribonucleotiden und Ribonucleotiden in der Leber.

Untersuchungsmethode	RN:DRN
P^{32}	4 bis 6:1
Glykokoll mit N^{15}	33:1
Adenin mit N^{15}	73:1

Aus Untersuchungen, die mit N^{15} enthaltendem Glykokoll oder Adenin angestellt worden sind, geht hervor, daß der Umsatz der Desoxyribonucleotide nur sehr langsam abläuft und etwa in die Größenordnung der Mitosenrate fällt. Man kann demnach annehmen, daß eine Neubildung von Desoxyribonucleotiden nur im Zuge der Zellteilung erfolgt und daß die Desoxyribonucleotide in einer ruhenden Zelle dem Stoffwechsel entzogen sind, was teleologisch betrachtet verständlich ist, und zwar im Sinne der Konstanterhaltung des Erbguts. Zellkerne enthalten auch Fermente, z. T. sogar in hoher Konzentration, von denen es unwahrscheinlich ist, daß sie dort eine Funktion zu erfüllen haben. Ein Beispiel hierfür ist die Arginase, welche schon Behrens bei seinen ersten Arbeiten über die Zellkerne in den Kernen von Leberzellen entdeckt hat und über die Dounce verschiedentlich berichtet hat. Nun hat F. Leuthardt festgestellt, daß die Bildung von Citrullin aus Ornithin in den Mitochondrien lokalisiert ist. Es dürfte daher sehr unwahrscheinlich sein, daß ein Teil des Ornithin-Harnstoffcyclus in den Mitochondrien und ein anderer Teil (Aufspaltung des Arginin zu Harnstoff und Ornithin) im Zellkern lokalisiert ist. Wir haben nachgewiesen, daß die Arginase im Zellkern in einem praktisch vollständig inaktiven Zustande vorliegt und ihre Aktivität erst durch Zusatz von Mn gewinnt. Unsere Untersuchungen

(K. LANG, G. SIEBERT, S. LUCIUS und H. LANG) mit radioaktivem Mangan haben ergeben, daß Zellkerne nur sehr wenig Mangan aufnehmen (Tab. 3), so wenig, daß eine volle Aktivierung der Arginase ausgeschlossen erscheint.

Tabelle 3. *Aufnahme von Mn^{56} durch Zellkerne* (LANG, SIEBERT, LUCIUS *und* LANG).

	% der Dosis	% des Gehaltes der Leber
90 min nach der Injektion		
Leber	12,7	100
Kerne der Leber	0,3	2,1
180 min nach der Injektion		
Leber	6,8	100
Kerne der Leber	0,2	2,5

Man muß demnach annehmen, daß die Arginase in den Leberkernen keine Funktion ausüben kann und daß man sie nur deswegen in den Zellkernen der Leber findet, weil sie dort gebildet wird. Wir kommen damit zu dem Problem der Eiweißsynthese im Zellkern.

H. BORSOOK, C. L. DEASY, H. J. HAAGEN-SMITH, G. KEIGH-LEY und P. H. LOWY haben bewiesen, daß alle Zellfraktionen zum Einbau von Aminosäuren in Proteine befähigt sind (Tab. 4).

Tabelle 4. *Einbau von C^{14} enthaltenden Aminosäuren in die Proteine der einzelnen Zellfraktionen* (BORSOOK, DEASY, HAAGEN-SMITH, KEIGHLEY *und* LOWY).

Fraktion der Leberzellen	Einbau μ m/g/Std.			
	Glykokoll	Histidin	Leucin	Lysin
Zellkerne.	0,6	1,5	2,3	1,3
Mitochondrien	0,6	1,2	1,1	1,6
Mikrosomen	1,2	3,1	4,3	2,9
Zellplasma	0,7	1,2	1,8	1,6

Die Synthese von Eiweiß in Zellkernen erscheint durch alle erwähnten Befunde eindeutig festgestellt. Einer Besprechung bedarf aber noch die energetische Seite des Problems, denn die Synthese von Eiweiß oder die Synthese von Ribonucleotiden sind endergonische Prozesse.

Der Energiebedarf zu den Leistungen des Zellkerns bei der Mitose läßt sich leicht überschlägig berechnen. Nimmt man an, daß sich die Substanzmenge des Zellkerns bei der Mitose verdoppelt, 1 g Leber 60 mg Zellkerne enthält und die Dauer der Mitose 2 Std. beträgt, so müssen innerhalb von 2 Std. 60 mg Kernsubstanz neu aufgebaut werden. Da der Zellkern zu großen synthetischen Leistungen nicht befähigt ist, muß ihm das benötigte Material in Form der Bausteine (Aminosäuren, Purinbasen, Pyrimidinbasen, Phosphorsäure, Zucker usw.) zur Verfügung gestellt werden. Die Leistung des Zellkerns beschränkt sich also lediglich auf die Verknüpfung dieser Bausteine zu den Makromolekülen Eiweiß und Nucleotide, welche durch die Kernmembran nicht als solche in den Zellkern einwandern können. Nimmt man nun weiterhin an, daß zur Knüpfung einer Peptidbindung 3000 cal erforderlich sind und daß zur Verknüpfung der Bausteine der Nucleotide ein Energiebetrag derselben Größenordnung benötigt wird und daß das durchschnittliche Molekulargewicht der Aminosäuren bzw. des Bausteins 100 ist, so ergibt sich ein Energiebedarf von rund 0,9 cal für den Aufbau von 60 mg Kernmaterial, die innerhalb von 2 Std. aufgebracht werden müssen. Rechnet man mit einem Q_{O_2} der Leber von 6, so verbraucht 1 g Leber innerhalb von 2 Std. 12 cm³ Sauerstoff, was einem Energiegewinn von rund 58 cal entspricht. Die in 1 g Leber enthaltenen Zellkerne würden demnach, wenn sie sich alle gleichzeitig teilten, weniger als 2% der anfallenden Energie zur Mitose verbrauchen. Die angestellte Berechnung ergibt den maximalen Energiebedarf. Denn 3000 cal werden lediglich zur Knüpfung der ersten Peptidbindung benötigt und ein Anbau weiterer Peptide hat einen wesentlich geringeren Energiebedarf. Der Energieverbrauch des Zellkerns wäre noch geringer, wenn bei der Eiweißsynthese ausgiebiger Gebrauch von Transpeptidierungen gemacht wird. Direkte Messungen des Stoffwechsels sich teilender Zellen durch Verfolgung des Sauerstoffverbrauchs haben ergeben, daß in der Tat eine Mitose keine nennenswerte Steigerung der Sauerstoffaufnahme bedingt.

Die zur Eiweißsynthese und Nucleotidsynthese benötigte Energie gewinnt der Zellkern durch Spaltung von energiereichem Phosphat. Nach unseren Messungen vermögen die in 1 g Leber enthaltenen Zellkerne in der Stunde etwa 30—40 mg ATP zu spalten, was einem Energiegewinn von rund 0,6—0,9 cal entspricht. Für die Mitose sind aber nach der obigen Berechnung maximal nur 0,45 cal erforderlich.

Morphologische Untersuchungen machen es wahrscheinlich, daß das von Drüsenzellen, z. B. vom Pankreas sezernierte Eiweiß im Zellkern gebildet und vom Nucleolus aus an das Zellplasma abgegeben wird. Mit die stärkste Eiweißsynthese im Organismus des erwachsenen Menschen findet im Pankreas statt. Nimmt man an, ein Mensch produziere im Tag 1 Liter Pankreassaft mit einem Eiweißgehalt von 4,5%, was etwa einer maximalen Sekretion entspricht, so werden im Tag 45 g Eiweiß vom Pankreas abgegeben. Nimmt man weiterhin an, daß die Zellkerne des Pankreas in demselben Umfang ATP spalten können, wie die von uns in dieser Richtung hin untersuchten Zellkerne der Leber und der Niere, und der Energiebedarf zur Bildung einer Peptidbindung betrage wie in der obigen Berechnung 3000 cal, so wären die Zellkerne einer 100 g schweren Pankreasdrüse in der Lage, die zur Bildung von 45 g Eiweiß benötigte Energie pro Tag ohne weiteres aufzubringen. Beide Beispiele zeigen, daß in der Tat im Zellkern die energetischen Voraussetzungen für die von der Morphologie beobachteten Leistungen gegeben sind.

Das energiereiche Phosphat muß dem Zellkern von außen zur Verfügung gestellt werden. Bei Analysen findet man auch in den Zellkernen praktisch kein energiereiches Phosphat. Die Bildung von energiereichem Phosphat erfolgt in den Zellen im wesentlichen in den Mitochondrien.

Zellkerne enthalten neben dem Nucleohiston noch anderes Eiweiß. Von verschiedenen Untersuchern, auch von uns, sind aus den Zellkernen Eiweißfraktionen dargestellt worden, deren isoelektrischer Punkt im Sauren gelegen ist. Die Elektrophorese ergab in Versuchen, die wir gemeinsam mit ANTWEILER unternommen haben, deutlich Eiweiß vom Nichthistontyp. Da unserer Überzeugung nach Zellkerne u. a. auch Enzyme synthetisieren, ist der Befund von höherem Eiweiß von Albumincharakter und Globulincharakter nicht weiter verwunderlich.

b) Mitochondrien.

Mitochondrien („große Partikelchen") haben einen Durchmesser von 0,5—2 μ und sind in den einzelnen Zelltypen von

unterschiedlicher Gestalt. Auf Grund ihres Durchmessers läßt
sich berechnen, daß 1 Mitochondrion rund 1 Million Eiweiß-
moleküle enthalten kann, was in Anbetracht der großen Stoffwechselleistungen dieser Gebilde wenig ist. Man darf vielleicht
daraus schließen, daß es verschiedene Mitochondrien mit unterschiedlichen Stoffwechselleistungen gibt. Die Mitochondrien
machen $15-25\%$ der Zellmasse aus. Tumorzellen enthalten
weniger Mitochondrien als gewöhnliche Körperzellen.

In den Mitochondrien sind in erster Linie die Fermente der
biologischen Oxydation lokalisiert, insbesondere das Warburg-
Keilin-System und die Enzyme des Citronensäurecyclus. Schon
1913 war es O. Warburg aufgefallen, daß die Sauerstoffaufnahme
der Zellen an deren granuläre Bestandteile gebunden ist. In den
Mitochondrien finden demnach im wesentlichen alle Energie
liefernden Prozesse der Zelle statt. Die Hauptaufgabe der Mitochondrien besteht darin, energiereiches Phosphat zu bilden.

Die Mitochondrien sind eine Anhäufung zahlreicher Enzyme,
in welcher die Enzyme nicht willkürlich gelagert sind, sondern
sich in einem geordneten System befinden. Die einzelnen Systeme
sind in ihnen räumlich so angeordnet, daß sich die Umsetzungen
in der richtigen Reihenfolge abspielen. Die Wege, welche von den
Substraten und den Coenzymen zurückgelegt werden müssen,
sind dadurch minimal, was den Ablauf langer Reaktionsketten,
etwa den Citronensäurecyclus erheblich beschleunigt. Die Ordnung der Enzyme muß durch eine definierte Struktur der Mitochondrien bedingt sein, welche zwar morphologisch noch nie
nachgewiesen worden ist, die aber auf Grund der Stoffwechsel-
leistung der Partikelchen gefordert werden muß.

F. Leuthardt hat mit seinen Mitarbeitern in sehr schönen
Versuchen gezeigt, daß die Ribonucleotide bei der Ordnung der
Enzymsysteme der Mitochondrien beteiligt sind. Denn bei der
Blockierung der Ribonucleotide durch Anfärbung mit basischen
Farbstoffen fallen chemische Leistungen der Mitochondrien aus,
z. B. die Synthese von Citrullin.

Die einzelnen Enzyme sind in diesem geordneten System verschieden fest gebunden. Man kann durch alle Maßnahmen, welche
die Struktur der Mitochondrien beeinträchtigen (mechanische oder
osmotische Mißhandlung, Einwirkung von oberflächenaktiven
Stoffen oder Giften, Einfrieren und Wiederauftauen) einzelne

Enzyme aus dem Verband entfernen. Die aus den Mitochondrien herausgelösten Enzyme haben dann z. T. ganz andere Eigenschaften, wie sie sie im Verband des intakten Partikelchens aufgewiesen hatten. Als Beispiel diene das in der Tab. 5 wiedergegebene Verhalten der Äpfelsäuredehydrase. Besonders auffallend ist der Befund, daß die in den Mitochondrien enthaltenen Dehydrasen nicht durch Zusatz von den Codehydrasen aktiviert werden.

Tabelle 5. *Verhalten der Äpfelsäuredehydrase im Verband des Mitochondrions und nach Abtrennung daraus*(F.M.HUENNEKENS).

	im Verband	Frei
Bedarf für Cozymase	—	+
Hemmung durch Dinitrophenol	+	—
Hemmung durch Oxalessigsäure	—	+
p_H-Optimum	7 — 8	9,5

Dies ist dadurch bedingt, daß die Cofermente in den Mitochondrien gebunden enthalten sind. Bei der Herauslösung einzelner Enzyme aus dem ganzen Verband entsteht dann ein Bedarf an Coferment. Von den Mitochondrien werden schon unter milden Bedingungen Milchsäuredehydrase und Glycerophosphatdehydrase abgegeben. Dagegen ist die Bernsteinsäureoxydase außerordentlich fest gebunden.

D. E. GREEN, W. F. LOOMIS und V. H. AUERBACH haben ein Enzymsystem beschrieben, das sie „Cyclophorasesystem" nannten, da es unter anderem alle Enzyme des Citronensäurecyclus enthält. D. E. GREEN zeigte mit seinen Mitarbeitern in einer Reihe von Mitteilungen, daß man durch das Cyclophorasesystem Fettsäuren, Aminosäuren, Brenztraubensäure und andere Substrate zu H_2O und CO_2 oxydieren kann. Das Cyclophorasesystem besteht aus gewaschenen Partikelchen der Zellen, ergänzt durch Zusatz von PO_4, Mg, ATP, Cytochrom c und einer katalytisch wirkenden kleinen Menge irgendeines der Glieder des Citronensäurecyclus (Äpfelsäure, Furmarsäure, α-Ketoglutarsäure). Seiner Darstellung nach besteht das Cyclophorasesystem nicht aus reinen Mitochondrien. Es spricht aber alles dafür, daß die Mitochondrien für die enzymatische Aktivität des Systems verantwortlich sind. Alle Eingriffe, welche die Struktur der Mitochondrien beeinträchtigen, inaktivieren auch das Cyclophorasesystem (J. W. HAR-

Mann). Das Cyclophorasesystem ist ein Gel, was vermutlich durch eine Verklumpung der Mitochondrien mit Zellkernmaterial bedingt ist.

Neben der schon erwähnten Totaloxydation von Substraten findet man u. a. noch folgende Reaktionen in den Mitochondrien lokalisiert: Synthese von Hippursäure bzw. p-Aminohippursäure, Bildung von Citrullin aus Ornithin, Bildung von Asparaginsäure aus Glutaminsäure, Synthese von Glutamin, Phosphorylierung von Aneurin zu Cocarboxylase.

Isolierte Mitochondrien sind sehr labil und gegen jeden Eingriff empfindlich, insbesondere gegen osmotische Schädigungen. Der Aktivitätsverlust beim Aufbewahren beruht zum großen Teil auf einer Aufspaltung der Coenzyme. Auf die Diskussion, ob die Mitochondrien von einer eigenen Membran umgeben sind oder nicht, soll hier nicht eingegangen werden.

c) Mikrosomen.

Die Mikrosomen oder „submikroskopischen Partikelchen" zeichnen sich durch einen auffallend hohen Gehalt an Lipoiden aus. Etwa 40% der Trockensubstanz bestehen aus Lipoiden, wovon zwei Drittel auf Phosphatide entfallen. Die Diskussion, ob Mikrosomen Partikelchen sui generis sind oder nur Trümmer lädierter Mitochondrien, kann heute als im ersteren Sinne entschieden gelten. Schon die gänzlich verschiedene Ausstattung mit Enzymen weist darauf hin, daß Mikrosomen und Mitochondrien verschieden sind. Über die physiologische Bedeutung der Mikrosomen ist noch wenig bekannt. Manche Hydrolasen sind in den Mikrosomen in einer außerordentlich hohen Konzentration enthalten.

d) Zellplasma.

Das von allen Partikelchen befreite Zellplasma repräsentiert rund 40% des gesamten Zelleiweißes und enthält etwa 30% des Ribonucleotidbestandes der Zelle. In dem Zellplasma sind in erster Linie die Enzyme der Glykolyse lokalisiert. 80—90% der Zellglykolyse entfallen auf das Plasma. Auch das Zellplasma ist ein Multienzymsystem, aber im Gegensatz zu den Mitochondrien ein ungeordnetes, in welchem die einzelnen Enzyme keine durch eine Struktur fixierte Lage haben. Im Zellplasma findet man daher im wesentlichen die „Lyoenzyme". Elektrophoretisch läßt das Zellplasmaeiweiß eine Reihe verschiedener Fraktionen erkennen.

Tabelle 6. *Verteilung von Fermenten zwischen den Zellbestandteilen.*

Ferment	Zellkern	Mitochondrien	Mikrosomen	Zellplasma
Cytochromoxydase	fehlend [1, 2, 20] 5,4% [34]	größter Teil [1, 2] mindestens 70% [26, 34]		
Cytochrom c	wenig [13, 17] 5% [27]	50% [27] viel [31]	vorhanden [31] 6% [27]	35—45% [27, 31]
Cytochrom c -Reduktase	fehlend [3]	32% [3] 49% [22]	58% [3] 36% [22]	
Katalase	fehlend [21, 46] wenig [17, 14] 4,5% [46]	45% [41] 18% [46]	7% [41]	49% [41] 66% [46]
Bernsteinsäure-oxydase	fehlend [17, 19, 20] 8% [27], 7% [34]	100% [1, 2, 5, 38,] 56% [27]		
Cholinoxydase	fehlend [9, 17]			
d-Aminosäure-oxydase	fehlend [19] vorhanden [9, 17]	viel [44]		
Xanthinoxydase	fehlend [19]			
l-Aminosäure-oxydase	fehlend [19]			
Prolinoxydase	fehlend [19]			
Milchsäuredehydrase	vorhanden [17] 28,7% [42] fehlend [20]	53% [42]		18% [42]
Isocitronensäure-dehydrase	wenig [22]	12% [22]	wenig [22]	80% [22]
Alkoholdehydrase	15% [42]	23% [42]		62% [42]
Glucosedehydrase	fehlend [42]	fehlend [42]		83% [42]
Glycerophosphat-dehydrase	17% [42]	60% [42]		23% [42]
Oxalessigsäure-oxydase	10% [23]	45% [23]	fehlend [23]	5% [23]
Cyclophorasesystem	fehlend [4, 5]	100% [4, 5, 15, 16,]		
Enolase	vorhanden [17]			
Aldolase	vorhanden [3, 25, 35]	1% [35]		96% [35]
Phosphorylase	vorhanden [17]			
Coenzym A	24% [37]	53% [37]	3% [37]	20% [37]
Kohlensäure-anhydratase	wenig [52]			
Transaminasen		viel [28, 40]		
Rhodanese	vorhanden [30] 15% [41]	62% [41]	2% [41]	5% [41]
Kathepsin	vorhanden [18]			
Peptidasen	vorhanden [30]			
Glutaminase		vorhanden [33]		vorhanden [33]
Desoxyribonuclease	100% [18]			
Arginase	Nur in Leber- kernen vorhan- den [9, 12, 14, 17, 51] 34% [41]	15% [41]	27% [41]	8% [41]

Tabelle 6. (Fortsetzung.)

Ferment	Zellkern	Mitochondrien	Mikrosomen	Zellplasma
Esterasen	vorhanden[14, 17] 17%[24] 6,5%[41]	17%[24, 41]	47%[24]58%[41]	14%[24] 20%[41]
Lipasen	wenig[8], 4%[49]	17%[49]	19%[49]	42%[49]
Alkalische Phosphatase	vorhanden[17, 52] 10—18%[47] 40%[41]	13%[41] 17—20%[47]	vorhanden[29] 0—10%[47] 26%[41]	21%[41] 55—80%[45,47]
Saure Phosphatase	vorhanden[17, 52] 5—10%[43, 47]	35—40%[43, 47]	5—10%[47] 22%[43]	28%[43] 35—50%[45, 47]
Glucose-6-phosphat- Phosphatase	2%[38] 5—25%[50]	5—18%[38, 50]	47—85%[50]	1—11%[50]
Adenylsäure- Phosphatase	40—45%[47]	40—45%[47]	5—10%[47]	10—15%[47]
ATP-ase	vorhanden[30] 10—20%[36, 47] 27%[34] 31%[48]	viel[1] 48%[34] 50%[48] 70—75%[47]	2—4%[47] 5%[48]	0—1%[47] 15%[48]
Cholinesterase	vorhanden[52]			
Hyaluronidase	vorhanden[53]			

Literatur zur Tabelle 6. Verteilung der Fermente zwischen den Zellbestandteilen.

[1] SCHNEIDER, W. C.: J. of Biol. Chem. **165**, 585 (1946).

[2] HOGEBOOM, G. H., A. CLAUDE and R. D. HOTCHKISS: J. of Biol. Chem. **165**, 615 (1946).

[3] — J. of Biol. Chem. **179**, 847 (1949).

[4] SCHNEIDER, W. C.: J. of Biol. Chem. **176**, 259 (1948).

[5] KENNEDY, E. P., and A. L. LEHNIGER: J. of Biol. Chem. **172**, 847 (1948).

[6] HOGEBOOM, G. H., W. C. SCHNEIDER and G. E. PALLADE: J. of Biol. Chem. **172**, 619 (1948).

[7] PRICE, J. M., E. C. MILLER and J. A. MILLER: J. of Biol. Chem. **173**, 345 (1948).

[8] BEHRENS, M.: Z. physiol. Chem. **258**, 27 (1939).

[9] LAN, T. H.: J. of Biol. Chem. **151**, 172 (1945).

[10] SCHNEIDER, W. C., and V. R. POTTER: J. of Biol. Chem. **177**, 893 (1949).

[11] DOUNCE, A. L., and G. T. BEYER: J. of Biol. Chem. **174**, 859 (1948).

[12] — J. of Biol. Chem. **147**, 685 (1943).

[13] — J. of Biol. Chem. **151**, 221 (1943).

[14] — G. H. TISHKOFF, S. E. BARNETT and R. M. FREER: J. Gen. Physiol. **33**, 629 (1950).

[15] HARMAN, J. W.: Exper. Cell. Res. **1**, 382, 394 (1950).

[16] STILL, J. L., and E. H. KAPLAN: Exper. Cell. Res. **1**, 403 (1950).

[17] DOUNCE, A. L.: Ann. N. Y. Acad. Sci. **50**, 982 (1950).

[18] LANG, K., G. SIEBERT, I. BALDUS u. A. CORBET: Experientia **6**, 59 (1950).

[19] LANG, K., u. G. SIEBERT: Biochem. Z. **320**, 402 (1950).

[20] GRAFFI, A., u. K. JUNKMANN: Klin. Wschr. **1946**, 78.

[21] BUNDING, J. M.: J. Cell. Comp. Physiol. **17**, 133 (1941).

[22] HOGEBOOM, G. H., and W. C. SCHNEIDER: J. of Biol. Chem. **186**, 417 (1950).

[23] SCHNEIDER, W. C., and V. R. POTTER: J. of Biol. Chem. **177**, 893 (1949).

[24] OMACHI, A., C. P. BARNUM and D. GLICK: Proc. Soc. Exper. Biol. a. Med. **67**, 133 (1948).

[25] DOUNCE, A. L., and G. T. BEYER: J. of Biol. Chem. **173**, 159 (1948).

[26] RECKNAGEL, R. O.: J. Cell. Comp. Physiol. **35**, 111 (1950).

[27] SCHNEIDER, W. C., and G. H. HOGEBOOM: J. of Biol. Chem. **183**, 123 (1950).

[28] MÜLLER, A. F., u. F. LEUTHARDT: Helvet. chim. Acta **33**, 268 (1950).

[29] KABAT, E. A.: Science (Lancaster, Pa.) **93**, 43 (1941).

[30] LANG, K., u. G. SIEBERT: Biochem. Z. (im Druck).

[31] SCHNEIDER, W. C., A. CLAUDE and G. H. HOGEBOOM: J. of Biol. Chem. **172**, 451 (1948).

[32] LERNER, A. B., T. B. FITZPATRICK, E. CALCIUS and W. H. SUMMERSON: J. of Biol. Chem. **178**, 185 (1949).

[33] ERRERA, M.: J. of Biol. Chem. **178**, 483, 495 (1949).

[34] SCHNEIDER, W. C.: Cold Spring Harbor Symposia on Quantit. Biol. **12**, 169 (1947).

[35] KENNEDY, E. P., and A. L. LEHNIGER: J. of Biol. Chem. **179**, 957 (1949).

[36] FRANK, S., R. LIPSCHITZ u. L. G. BARTH: Arch. Biochem. **28**, 207 (1950).

[37] HIGGINS, H., J. A. MILLER, J. M. PRICE and F. M. STRONG: Proc. Soc. Exper. Biol. Med. **75**, 462 (1950).

[38] KUN, E.: J. of Biol. Chem. **187**, 289 (1950).

[39] SWANSON, M. A.: J. of Biol. Chem. **184**, 647 (1950).

[40] NAKADA, H. I., and S. WEINHOUSE: J. of Biol. Chem. **187**, 663 (1950).

[41] LUDEWIG, S., u. A. CHANUTIN: Arch. Biochem. **29**, 441 (1950).

[42] DIANZANI, M. U.: Arch. Fisiol. **50**, 175, 181, 187 (1951).

[43] PALLADE, G. E.: Arch. Biochem. **30**, 144 (1951).

[44] CHESIN, R. V.: Dokl. Akad. S.S.S.R. **73**, 359 (1950).

[45] NOVIKOFF, A. B., E. PODBER and J. RYAN: Fed. Proc. **9**, 210 (1950).

[46] EULER, H. V., u. L. HELLER: Z. Krebsforsch. **56**, 393 (1949).

[47] NOVIKOFF, A. B., E. PODBER and J. RYAN: Ped. Proc. **9**, 210 (1950).

[48] SCHNEIDER, W. C., G. HOGEBOOM and H. E. ROSS: J. Nat. Cancer Inst. **10**, 977 (1950).

[49] HELLER, L., u. N. BARGONI: Ark. Kemi 1, 447 (1950).

[50] HERS, A. G., J. BERTHLET, L. BERTHLETT et C. D. DUNE: Bull. Soc. Chim. biol. **33**, 21 (1951).

[51] LANG, K., G. SIEBERT, S. LUCIUS u. H. LANG: Biochem. Z. **321**, 538 (1951).

[52] RICHTER, D., and R. P. HULLIN: Biochemic. J. 48, 406 (1951).

[53] LANG, K., und H. KIESEIER: Unveröffentlicht.

Literatur.

BARNUM, C. P., C. W. NASH, E. JENNINGS, O. NYGAARD and H. VERMUND: Arch. Biochem. **25**, 376 (1950).

BEHRENS, M.: Z. physiol. Chem. **209**, 59 (1932).

BENSLEY, R. R.: Anat. Rec. **98**, 609 (1947).
— and N. L. HOERR: Anat. Rec. **60**, 449 (1934).
BORSOOK, H., C. L. DEASY, A. J. HAAGEN-SMITH, G. KEIGHLEY and P. H.
  LOWY: J. Biol. Chem. **184**, 529 (1950).
CASPERSSON, T. O.: Cell Growth and Cell Function. New York 1950.
CLAUDE, A.: J. exper. Med. **84**, 51, 61 (1946).
COOPER, E. J., M. L. TRAUTMANN and M. LASKOWSKI: Proc. Soc. Exper.
  Biol. a. Med. **73**, 219 (1950).
DOUNCE, A. L.: J. Biol. Chem. **147**, 685 (1943); **174**, 859 (1948); Ann. N. Y.
  Acad. Sci. **50**, 982 (1950).
GREEN, D. E., W. F. LOOMIS and V. H. AUERBACH: J. Biol. Chem. **172**,
  389 (1948).
HARMANN, J. W.: Exper. Cell. Res. **1**, 382 (1950).
HOGEBOOM, G. H., W. C. SCHNEIDER and G. E. PALLADE: J. Biol. Chem.
  172, 619 (1948).
HUENNEKENS, F. M.: Exper. Cell. Res. **2**, 115 (1951).
LANG, K., u. G. SIEBERT: Unveröffentlicht.
— G. SIEBERT, S. LUCIUS u. H. LANG: Biochem. Z. **321**, 538 (1951).
LEUTHARDT, F.: Helvet. chim. Acta **32**, 744 (1949); Experientia **4**, 478
  (1948).
SEIFTER, S., E. MUNTWYLER and D. M. HARKNESS: Proc. Soc. Exper.
  Biol. a. Med. **75**, 46 (1950).
WARBURG, O.: Pflügers Arch. **154**, 599 (1913).
WILBUR, K. M., and N. G. ANDERSON: Exper. Cell. Res. **2**, 17 (1951).

Diskussionsbemerkungen.

DUMONT (Celle) weist auf die Bedeutung der Zellwandung hin, in der Fermente, wie Phosphatasen, gefunden werden.

LETTRÉ (Heidelberg): In dem Verfahren von DOUNCE dient die Citronensäure wahrscheinlich dazu, das Calcium aus dem Plasma zu entfernen, und dadurch die Struktur aufzulockern, wodurch dann der Kern leichter abzutrennen ist.

In eigenen Versuchen mit Tetrazoliumverbindungen wurden deren Reaktionsprodukte von den Granula nicht nur gespeichert, sondern auch gebildet. Die Zellen wurden nacheinander unter Anwendung verschiedener Substrate mit verschiedenen Tetrazoliumverbindungen (Triphenyltetrazoliumchlorid ergibt Rotfärbung der Granula, andere Derivate Gelb- bzw. Blaufärbung) behandelt, wobei die vorher gegebenen Tetrazoliumderivate immer wieder ausgewaschen wurden. Es konnten dann Zellen beobachtet werden, die nebeneinander rote, gelbe und blaue Granula zeigten, was bei der Anwendung verschiedener Substrate bedeuten würde, daß die Fermente an den entsprechenden Stellen verschieden lokalisiert sind.

NETTER (Kiel): In den Arbeiten von SCHULZ über den Energiebedarf bei der Eiweißsynthese wurde aus dem Isotopenstoffwechsel auf einen Calorienbedarf hierfür von 5 bis 10% des Grundumsatzes geschlossen. Die im Vortrag angeführten Beobachtungen ergeben wesentlich niedrigere

Zahlen (ungefähr $1/_{70}$). Unter der Annahme, daß der geschilderte Mechanismus der Eiweiß-Synthese der einzige ist, ergibt sich hier eine ziemliche Diskrepanz.

FELIX (Frankfurt/M.) fragt, ob man nicht viel mehr unterscheiden muß zwischen Eiweiß-Synthese und Aminosäure-Austausch, welch letzterer ja dauernd stattfindet. Sind nicht die Isotopenversuche vielmehr ein Maß für den Aminosäure-Austausch?

CREMER (Mainz): Werden nicht möglicherweise bei den Desoxyribonucleotiden durch Phosphatase nur isolierte Phosphate ausgetauscht und ist daraus die größere Austauschgeschwindigkeit des P^{32} gegenüber dem N^{15} zu erklären?

SCHRAMM (Tübingen): Der Phosphoraustausch im Zellkern ist außerordentlich gering. Man kann Amöben mit Radio-Phosphor füttern und beobachten, daß der Phosphorgehalt des Kernes über 30 bis 40 Generationen hin vollkommen konstant bleibt. Die angeblichen hohen Zahlen für den Phosphoraustausch sind sicher vorwiegend durch Fehler infolge Verunreinigungen bedingt.

FLECKENSTEIN (Heidelberg): Durch Wechselstromwiderstandsmessungen an befruchteten Seeigeleiern wurde gefunden, daß mit der Befruchtung die Permeabilität der Membran für Na/K stark zunimmt. Dadurch muß die Zelle mehr Energie aufwenden, um den K-Spiegel im Innern aufrecht zu erhalten. So erklärt sich wahrscheinlich der Anstieg des O_2-Verbrauches nach der Befruchtung.

Der Äthylester der Monojodessigsäure ist oberflächenaffin, lipoidlöslich und wasserunlöslich und blockiert vor allem die oxydativen Fermentprozesse. Dies spricht für eine schon lange von WARBURG gemachte Annahme, daß sich in den Phasen-Grenzflächen vor allem die oxydativen Fermentprozesse abspielen.

NETTER (Kiel): TRURNIT hat bei Befruchtung an einzelnen Zellen Wärmemessungen gemacht und dabei Ausschläge beobachtet, die wesentlich größer sind, als die bei der referierten Oxydationsmethode der Amerikaner. Sind diese Messungen an ganzen Zellen gemacht? Wenn ja, so muß man doch die Leistung des Plasmas von der Gesamt-Leistung abziehen, um zu der des Kernes zu kommen.

Wie kann bewiesen werden, daß die Mitochondrien semipermeabel sind? Wie dick sind etwa die Membranen? Würde die Annahme der Semipermeabilität nicht ihrer Funktion widersprechen, wären sie in 3fach hypertoner Zuckerlösung dann nicht weitgehend geschrumpft, so daß ihre normale Größe so nicht erfaßt worden wäre?

LEINER (Mainz): Es gibt Protozoen, in denen man histologisch keine Mitochondrien nachweisen kann. Wo sind bei ihnen die Ferment-Systeme lokalisiert? Über den Gehalt der Mitochondrien an Ribonucleinsäure besteht in der Literatur keine Einigkeit, was für große Verschiedenheit der Mitochondrien spricht. Beobachtungen und Zeichnungen von GUILLEMONT (Frankreich) zeigen, daß die Mitochondrien innerhalb von Minuten bis zu einer halben Stunde ihre Form außerordentlich stark verändern können (Verzweigungen, Körnchen,-Stäbchen,-Blasenform). Wie läßt sich diese

Beobachtung mit der Annahme einer Membran und der von Herrn Prof. Lang angegebenen inneren Struktur vereinbaren?

Landschütz (Heidelberg): Bei Anwendung der histochemischen Reaktion von Gomory auf die isolierten cytoplasmatischen Fibrillen und Behandlung der Blenden bei p_H 9 in Gegenwart von ATP ließ sich zeigen, daß durch Überführung des gebildeten Calciumphosphates in Bleiphosphat und anschließender Sichtbarmachung als Bleisulfid, Fibrillen resultieren, die sehr deutliche Schwärzung ausweisen. Kontrollaufnahmen unter Weglassung von ATP aus der Bebrütungsflüssigkeit zeigen keine Schwärzung. Dies spricht dafür, daß, wie Monet vermutet hat, die cytoplasmatischen Fibrillen in ihrem Faserprotein auch eine ATPase-Aktivität aufweisen. Da sich beim Teilungsmechanismus durch Aneinanderlagerung der Fibrillen wie Monet annimmt, die Spindel bildet, kommt dieser Beobachtung besondere Bedeutung zu.

Horner (Frankfurt/M.): Da eigene Beobachtungen vorliegen, daß die ersten Hydrierungsstufen des Buttergelbes die stärksten Inhibitoren für die Katalase sind, wird die Frage gestellt, ob in den Mikrosomen, die ja das Buttergelb speichern sollen, Katalase vorhanden ist?

Graffi (Berlin) weist auf Arbeiten hin, die er zusammen mit Dr. Junkmann und Dr. Hebekerl durchgeführt hat, und führt an, daß im Zusammenhang mit der Zellfraktionierung auch der Lokalisation der Vitamine und Hormone eine Bedeutung beigemessen werden muß. So konnte fluorescenzmikroskopisch das Vitamin A in den Mitochondrien nachgewiesen werden. Cancerogene Substanzen werden hauptsächlich in den Mitochondrien und den Mikrosomen aufgespeichert und greifen vielleicht besonders an diesen Strukturen an. Das antidiuretische Hypophysen-Hormon ist hauptsächlich an die Mitochondrien gebunden, und das Thyroxin wurde in den Schilddrüsenzellen durch Prüfung des Jodgehaltes in Zellfraktionierungen, außer im Plasma hauptsächlich in den Mitochondrien nachgewiesen. Ferner weisen die Mitochondrien in den Schilddrüsenzellen den höchsten Kupfergehalt auf.

Hug (Frankfurt/M.): Aus absolut amorphen protoplasmatischen Substanzen können elektronenoptisch Membranen dargestellt werden, die sicher Niederschlagsmembranen der unlöslichen Bestandteile des Gebildes darstellen, die bei der Trocknung membranartig ausfallen. Dies zwingt zur Vorsicht mit der Deutung elektronenoptischer Bilder und sogar zu einer Kritik an elektronenoptischen Darstellungen von Membranen, die bisher als sichergestellt erschienen. Es liegen eigene Beobachtungen an Erythrocyten vor, die den von Herrn Peters gezeigten Bildern entsprechen, und bei denen beobachtet wurde, daß zum Schluß sich membranartige Bläschen aus der vorher diffus verteilten Hüllschicht der Erythrocyten bilden. Aus dem gleichen Grund muß man auch vorsichtig sein mit der elektronenoptischen Deutung der dargestellten Membran der Mitochondrien.

Holzer (München): Voraussetzung für synthetische Leistungen im Zellkern ist ein Energietransport von außen nach innen. Ist in diesem Zusammenhang geprüft worden, ob die Membran für Adenosintriphosphat durchlässig ist? Für Mangan ist sie nämlich nicht durchlässig.

LANDSCHÜTZ (Heidelberg): Die Membranen der Mitochondrien wurden in der Durchsicht von 100 Blenden ein und desselben Materials immer wieder gesehen. Ferner kann als Beweis für ihr Vorhandensein auch angeführt werden, daß bei Versuchen mit Ultraschallbehandlung, wodurch die Membranen zerstört werden, nach der Beschallung die Ferment-Aktivität in den Mitochondrien geringer und in der umgebenden Flüssigkeit größer ist.

v. HAYEK (Würzburg): Bei früheren Versuchen wurde beobachtet, daß bei Behandlung von Alveolar-Epithelien mit Triphenyltetrazoliumchlorid der Reduktionsvorgang der Formazan-Bildung nicht, wie zunächst angenommen wurde, in den Mitochondrien lokalisiert ist, sondern in kleinen Fetttröpfchen, die in den Alveolar-Epithelien unter Umständen vorhanden sind. Wahrscheinlich sind die fettlöslichen Reaktionsprodukte, die Formazane, in ihnen leichter löslich als in den Mitochondrien, und es kommt zu einer Wanderung innerhalb der Zelle.

Es wurde ferner beobachtet, daß diese Reduktionsvorgänge in zur Sekretion angeregten Zellen wesentlich stärker sind als in ruhenden.

LANG (Mainz): Zur Frage nach der Rolle der Citronensäure von Herrn LETTRÉ wird gesagt, daß sie für DOUNCE wohl hauptsächlich wegen ihrer Hemmung der Desoxyribonuclease wichtig war.

Für den Mechanismus der Eiweiß-Synthese gibt es theoretisch mehrere Möglichkeiten: sie könnte in Form einer einfachen Aneinanderreihung von Aminosäuren vor sich gehen, oder durch Austausch von Aminosäuren stattfinden oder aber auch durch Anknüpfung von Aminosäuren an ein vorliegendes Stammgebilde, etwa ein Polypeptid, geschehen. Für jede dieser Möglichkeiten gibt es Indizien, ohne daß ein Entscheid darüber einstweilen möglich ist. Energetisch gesehen ergeben sich aber wesentliche Unterschiede für die verschiedenen Möglichkeiten: Bei einfacher Aneinanderreihung der Aminosäuren würde der Energiebetrag abnehmen, je mehr Aminosäuren aneinandergeknüpft werden, und z. B. bei der ersten 3000 betragen, bei der zweiten nur noch 1600. So gesehen ist der angegebene Wert von 3000 also eher zu hoch gegriffen als zu niedrig, wie denn auch der energetisch ungünstigste Fall hatte herausgearbeitet werden sollen. — Wie Versuche anderer Autoren (BORSOOK) über den Einbau von Aminosäuren in Eiweiß in allen möglichen Organen ergaben, ist in dieser Beziehung das intensivste Organ die Dünndarmschleimhaut. Würde man diesen Aminosäure-Einbau als Eiweißsynthese bewerten und die Energie-Beträge von 3000 cal einsetzen, so käme man auch auf Werte, die ungefähr $^1/_{200}$ des Grundumsatzes betragen und nicht wie Herr NETTER sagte, 5—10%. Der Schluß, daß der Vorgang der Substanzvermehrung im Augenblick der Mitose energetisch bedeutungslos ist, bleibt also bestehen. Ein ungeheurer Energieaufwand für Vorbereitungsleistungen liegt in den zeitlich vorausgehenden Phasen vor.

Die Durchlässigkeit der Zellkernmembran für ATP wurde nicht untersucht und bedarf einer experimentellen Nachprüfung.

Zur Frage der Membran der Mitochondrien wird aus der Literatur angeführt, daß auf der einen Seite Beobachtungen vorliegen, die für das Vorhandensein einer semipermeablen Membran sprechen, wie Quellung und Schrumpfung usw., daß aber andererseits Untersuchungen mit radioaktiven

Na und K zeigten, daß keine selektive Permeabilität für Ionen besteht, was dazu verleitete, anzunehmen, es bestehe überhaupt keine Membran, sondern nur ein Gel-Zustand.

Ob in den Mikrosomen Katalase vorhanden ist, kann der Vortragende nicht beantworten. Die Angaben über den Gehalt an Katalase in den einzelnen Zellabschnitten in der Literatur sind außerordentlich divergent, weshalb sie nicht in den Tabellen mitangeführt wurden.

Die großen Unterschiede sind sicher dadurch bedingt, daß bei allen Fermentuntersuchungen in Fraktionierungsarbeiten stark mit Verunreinigungen gerechnet werden muß.

In der Eigenschaft als Diskussionsredner möchte der Vortragende die Frage nach der eigenartigen Pigmentfärbung der Mikrosomen aufwerfen, über deren Natur bisher nichts bekannt geworden ist.

Die Lokalisation anderer Wirkstoffe, z. B. der Vitamine und Hormone, innerhalb der einzelnen Zellabschnitte lag außerhalb des gewählten Themas. Es wird daher nur bemerkt, daß ein nicht unbeträchtlicher Anteil an Vitaminen im Kern lokalisiert ist. Der Vortragende hat im Kern niemals Oxydations-Fermente beobachtet, wohingegen DOUNCE und seine Schule behauptet, daß im Kern gelbe Fermente anzutreffen seien.

SCHRAMM (Tübingen): Auch nach eigenen Beobachtungen sind Experimente zur Lokalisation von Fermenten in einzelnen Zellabschnitten bei der Fraktionierung sehr erschwert dadurch, daß Enzyme an isolierten Zellbestandteilen adsorbiert werden können und zu Verunreinigungen führen.

NETTER (Kiel): Wie verhalten sich die Ergebnisse aus Untersuchungen der Zellaktivität, wenn man einerseits ganze Zellen daraufhin untersucht und andererseits die fraktionierten Einzelbestandteile. Ergibt die Addition der Werte für die Einzelbestandteile die gleichen Werte, wie die Untersuchung der ganzen Zelle?

LANG (Mainz): Setzt man die Fermentaktivität des Homogenates gleich 100, so kommt man in den meisten Fällen nach Fraktionierung wieder zu Werten von ungefähr 100. Ausnahmen betreffen in der Regel weniger einzelne Fermente, als eine Kette von Reaktionen.

PIEKARSKI (Bonn): Aus dem Vortrag geht hervor, daß die Fermente in den Mitochondrien ganz bestimmt geordnet sind. Dieser Befund ist morphologisch noch nicht gefunden worden.

LANG (Mainz): Wir haben aus chemischen Befunden schließen müssen, daß eine Ordnung da ist, die die Morphologen noch nicht gefunden haben.

PETERS (Hamburg): Bei dem Lipoidreichtum der Mikrosomen und Mitochondrien könnte evtl. angenommen werden, daß Lipoide sich gemischt mit Protein automatisch an den Phasen-Grenzflächen anreichern und dann nach der Präparation für die elektronenoptische Betrachtung als Membranen sich darstellen lassen. Es sind Modell-Versuche von Erythrocyten bekannt, wo Hämoglobin mit Lipoiden gemischt und bei der „Hämolyse" lichtoptisch Gebilde zu sehen waren, die den Stromata wirklicher Erythrocyten ähnlich waren.

LANDSCHÜTZ (Heidelberg): In englischen Arbeiten über die Struktur der Kernmembran wurde festgestellt, daß diese aus einer Lipoid-Schicht

(A-Schicht) und einer zweiten Schicht aus Faser-Protein (B-Schicht) besteht, dadurch, daß man elektronenmikroskopisch Eizellen durch die Blende zog. Löste man durch Salzlösungen die Lipoidschicht heraus, so konnte man die Stellen, wo es fehlte, sichtbar machen.

FISCHER (Frankfurt/M.): Als Energielieferant im Zellkern könnte evtl. auch Argininphosphat anstelle von ATP wirken, das ja bei niedrigeren Organismen die Rolle des ATP übernimmt.

LEHMANN (Bern): Zur Klärung der Frage nach den Membranen ist es vielleicht günstig, in Zukunft mehr mit molekular-morphologischen Modellen zu arbeiten.

Die Vermutung der Arginase-Synthese im Zellkern interessiert sehr, da andererseits aus Versuchen über die Neurospora-Genetik bekannt ist, daß bei den Gen-Ausfällen bestimmte Ausfälle der Protein- bzw. Amino-säure-Synthese auftreten, was von einer anderen Seite her ein Beweis in analoger Richtung für die Lokalisation solcher Ferment-Synthesen im Kern wäre.

JOST (Köln): In welchem Verhältnis steht die Atmung des Homogenates zum intakten Organ?

LANG (Mainz): Es ist bisher kein Indiz gefunden, daß Argininphosphat im Kern anstelle von ATP wirkt. — Mutierte Stämme von Mikroorganismen, die Tryptophan aus Indol und Serin synthetisieren können, verlieren diese Eigenschaft, was man bisher auf das Fehlen eines Fermentes nach der Mutation zurückführte. In letzter Zeit konnte man jedoch feststellen, daß in Extrakten dieser mutierten Stämme die Tryptophansynthese intakt ist, so daß nicht ein Fermentausfall, sondern das Auftreten eines Hemm-fermentes in Frage kommt. Da ähnliche Beispiele in großer Zahl angeführt werden könnten, erscheint es angebracht, die Überlegung von Herrn Prof. LEHMANN mit Vorsicht aufzunehmen.

SCHRAMM (Tübingen): Es wird die Auffassung vertreten, daß im Falle der Tryptophan-Synthese das Enzym des normalen Gens unempfindlich gegen den Hemmstoff, im mutierten Gen dagegen empfindlich sei, so daß doch eine veränderte Fermentproduktion nach Mutation anzunehmen ist.

DIRSCHERL (Bonn): Bei Verdünnungen von Leber- und Zwerchfell-homogenat wird beobachtet, daß die Atmung dieser Homogenate sehr stark von der Verdünnung abhängt. Dafür haben KREBS und Mitarbeiter angegeben, daß für die Fermenttätigkeit Dreier-Stöße erforderlich seien. Bei Zusatz von Coferment wird die durch die Verdünnung stark herabgesetzte Aktivität teilweise wieder hergestellt. Diese von KREBS gegebene Erklärung trifft sicher aber nur zum Teil zu. Anscheinend spielt die von LANG angeführte Tatsache der Freisetzung von vorher an bestimmten Stellen lokalisierten Fermenten beim Homogenisieren, die auf andere Substrate einwirken, bezüglich der Höhe des respiratorischen Quotienten eine zusätzliche Rolle. Im Homogenat werden örtlich bedingte Unterschiede verwischt.

PIEKARSKI (Bonn): Es wird auf die mögliche Bedeutung des Plasmagens bei der Krebsentstehung hingewiesen; eine Frage, die in dem von Herrn LANG angeschnittenen Komplex enthalten ist.

Aus dem Institut für vegetative Physiologie der Universität Frankfurt/M.

Nucleoprotamine und Nucleoproteide.

Von

KURT FELIX (Frankfurt am Main).

Mit 8 Textabbildungen.

Die Nucleoproteide sind eine der verbreitetsten Gruppen der zusammengesetzten Eiweißkörper und erwecken gegenwärtig unser besonderes Interesse, weil sie bei der Reproduktion des Zell- und Sekreteiweißes und der Übertragung der Erbeigenschaften Wesentliches zu tun haben sollen.

Wir treffen auf sie bei der Analyse des Zellkerns und des Cytoplasmas. Ferner sind die bis jetzt bekannten Virusarten ebenfalls Nucleoproteide. Neuerdings kann man sie mit histologischen Methoden nachweisen und ihr Verhalten während der verschiedenen Funktionen der Zellen studieren.

Die Komponenten der Nucleoproteide.

Bis jetzt sind nur wenige Nucleoproteide rein und unverändert isoliert worden, so daß man über die ganze Gruppe noch nicht viel Präzises aussagen kann[1]. Sie unterscheiden sich durch ihre beiden Komponenten, die Nucleinsäure und das Eiweiß sowie durch die Art, wie diese miteinander verknüpft sind.

Von den Nucleinsäuren kennen wir gegenwärtig zwei große Gruppen: Ribonucleinsäure und Desoxyribonucleinsäure, mit d-Ribose bzw. d-Desoxyribose als Kohlenhydrat. Der wichtigste Vertreter der ersten Gruppe ist die Hefenucleinsäure, der der zweiten die Thymusnucleinsäure. Ob daneben noch weitere Nucleinsäuren mit anderen Kohlenhydraten existieren, ist zwar möglich, vorläufig aber nicht bewiesen. So ist bei den Nucleinsäuren der Bakterien der Zucker noch nicht identifiziert[1].

Beide Gruppen der Nucleinsäuren enthalten die gleichen Purinbasen, Adenin und Guanin. An Pyrimidinbasen kommt in beiden Cytosin vor, in der Hefenucleinsäure daneben noch Uracil und in der Thymusnucleinsäure Thymin. Vielleicht erstreckt sich dieser Unterschied in den Pyrimidinbasen durch die ganze Reihe der beiden Gruppen von Nucleinsäuren. Aber auch in dieser Beziehung ist mit weiteren Möglichkeiten zu rechnen. So soll nach CHARGAFF in der Tuberkulinsäure ein 5-Methylcytosin vorkommen[1].

Ferner können die Nucleinsäuren noch in der Stellung der Phosphorsäure am Zucker, in dem relativen und absoluten Gehalt der Purin- und Pyrimidinbasen sowie in deren Anordnung entlang der Nucleotidkette variieren.

Noch mannigfaltiger sind die Unterschiede in dem Eiweißanteil der Nucleoproteide. Da gibt es komplizierte Proteine, in denen anscheinend alle Aminosäuren vertreten sind, neben solchen, die nur wenige enthalten, denen vor allem Methionin, Cystin, Tyrosin und Tryptophan fehlen. Zwischen diesen beiden Extremen bestehen Übergänge. Je weniger Aminosäuren das Protein enthält, um so mehr treten die Diaminosäuren hervor, so daß schließlich im allgemeinen ungefähr zwei Diaminosäuren auf eine Monoaminosäure treffen.

Das Verhältnis der basischen zu den neutralen Aminosäuren beeinflußt die Art der Bindung des Proteins an die Nucleinsäure. Überwiegen jene, dann ist die Bindung eine rein salzartige, also dissoziable und kann durch Säuren, Basen und Neutralsalze zerlegt werden. Sind mehr Monoaminosäuren vorhanden, dann kommen zu der salzartigen noch apolare Bindungen. Diese Art von Nucleoproteiden ist nicht dissoziabel, soll aber durch Substanzen, welche die Proteine denaturieren, wie künstliche Waschmittel („Detergents"), Harnstoff und Guanidinhydrochlorid zerlegt werden können. Die apolaren Bindungen hängen vermutlich eng mit der Konfiguration der Peptidketten zusammen und werden wieder gelöst, wenn diese durch Denaturierung geändert wird.

Das Verhältnis der beiden Komponenten zueinander wechselt in der Reihe der Nucleoproteide ganz erheblich von wenigen Prozent Nucleinsäure beim Tabakmosaikvirus bis zu 60% bei den Nucleoprotaminen.

Histologischer Nachweis und Verbreitung der Nucleoproteide.

In der Zelle weist man die Nucleoproteide an Hand der Nucleinsäurekomponente nach, was berechtigt ist, da diese praktisch ausschließlich an Eiweiß und nur zu einem verschwindenden Bruchteil an Alkali gebunden auftritt. Beide Nucleinsäuren absorbieren durch die Purin- und Pyrimidinbasen das kurzwellige Ultraviolett (256 mμ), so daß sie durch das Ultraviolettmikroskop gesehen bzw. photographiert werden können[2]. Die Desoxyribonucleinsäure gibt die Feulgenreaktion, d. h. sie färbt fuchsinschweflige Säure nach kurzer Hydrolyse. Ferner verhalten sich die beiden Nucleinsäuren gegen Farbstoffe verschieden. Läßt man auf Gewebsschnitte eine Mischung von Methylgrün und Pyronin einwirken, so färbt sich die Desoxyribonucleinsäure grün, die Ribonucleinsäure rot[3]. Wenn man die eine Nucleinsäure erst durch die spezifische Nuclease beseitigt, läßt sich die Verbreitung der anderen noch eindeutiger erkennen[4].

Solche Versuche haben ergeben, daß Desoxyribonucleinsäure und mit ihr die entsprechenden Nucleoproteide nur im Zellkern auftreten [5, 6, 7], die Ribonucleoproteide zwar vorwiegend im Cytoplasma, daneben aber auch im Zellkern, allerdings nicht in jedem und nicht zu allen Zeiten, sondern nur in jenen Kernen, die ein Kernkörperchen besitzen und nur dann, wann sie es besitzen [3, 5, 8, 9, 10] Solche Kerne enthalten also zweierlei Nucleoproteide.

Für die Eiweißkomponente gibt es kein spezifisches, histologisches Verfahren. Aber man kann Farbenreaktionen auf einige Aminosäuren anstellen. So hat man die auf Arginin verwendet und aus ihrer Intensität geschlossen, ob es sich um ein basisches oder neutrales bzw. saures Protein handelt[4].

MIRSKY benützt[11] die MILLONsche Reaktion und gewinnt mit ihr noch den Vorteil, daß er damit die Proteine näher kennzeichnen und sogar fraktionieren kann. In dem Millon-Reagens von Folin lösen sich die basischen Proteine (Histone und Protamine gleich gut nach unseren Erfahrungen), die komplizierten nicht. Wenn dann anschließend Nitrit zugesetzt und erwärmt wird, soll das im Schnitt zurückgebliebene Protein durch die Absorption bei 380 und 480 mμ bestimmt werden können.

Eingangs sagte ich, daß bis jetzt nur wenige Nucleoproteide rein und unzersetzt isoliert worden sind. Das liegt daran, daß in den Zellkernen und erst recht im Cytoplasma noch andere Substanzen vorkommen, bei deren Beseitigung das Nucleoproteid zersetzt werden kann, durch Fermente oder die angewandten Manipulationen und Reagentien.

Nucleoprotamine.

Am leichtesten kommt man zu den Nucleoprotaminen, die sich in den Kernen reifer Spermatozoen zahlreicher Fische finden, weil hier die Verhältnisse besonders günstig liegen. Der Kern läßt sich leicht und ohne jede sichtbare Änderung vom Cytoplasma abtrennen. Am besten und schonendsten gelingt es nach einem Verfahren, das Herr Dr. HERBERT FISCHER mit Fräulein Dr. KREKELS und Herrn MOHR ausgearbeitet hat[12]. Die frisch abgestreiften Spermatozoen werden in destilliertem Wasser suspendiert. Unter dem Phasenkontrastmikroskop kann man beobachten, wie das Cytoplasma im destillierten Wasser quillt und sich schließlich vom Kern mitsamt dem Schwanz ablöst, dessen Fibrillen sich inzwischen in Schlingen gewunden haben, wie die nachfolgenden Abbildungen (5—8) zeigen. In verdünnter Ringerlösung quillt das Cytoplasma weniger (Ab-

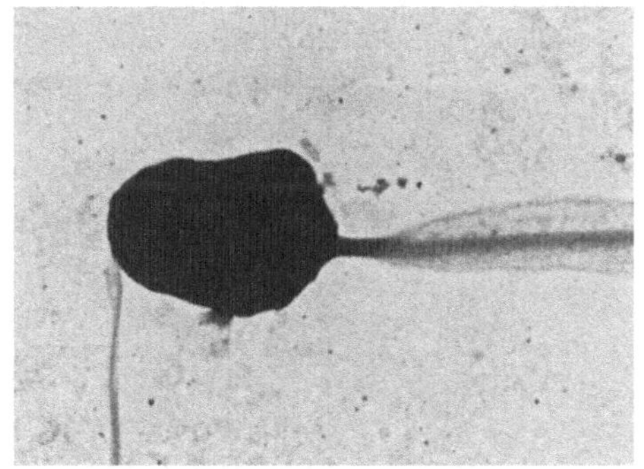

Abb. 1. Spermien i. Ringerlsg. osmiumfixiert, Vergr. 9350fach.

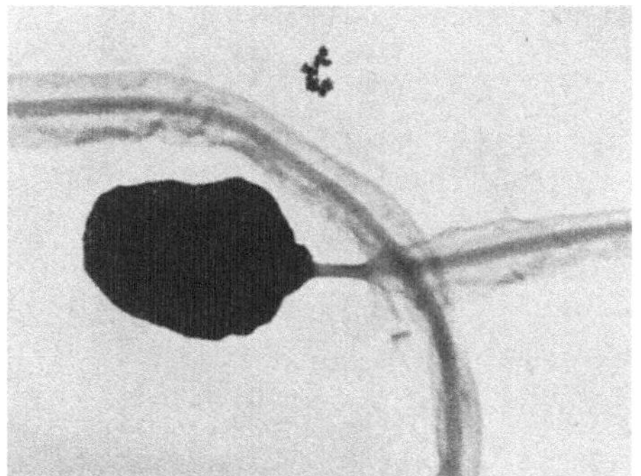

Abb. 2. Spermien in verdünnter Ringerlösung osmiumfixiert, 9350fach.

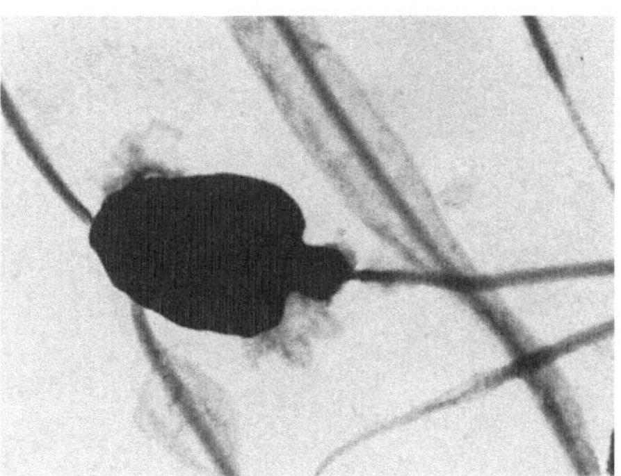

Abb. 3. Spermien in verdünnter Ringerlösung osmiumfixiert, 9350fach.

4*

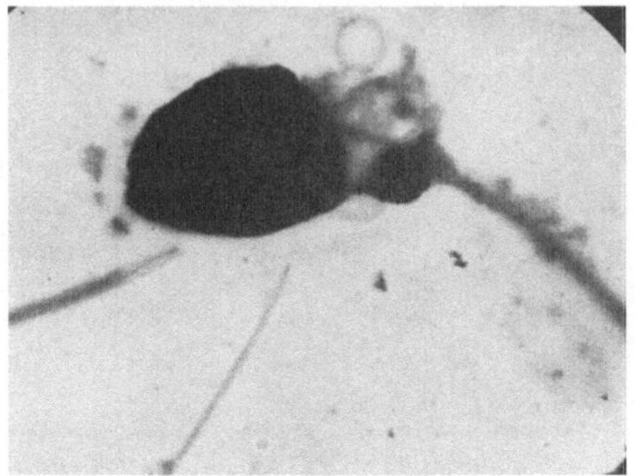

Abb. 4. Spermien in verdünnter Ringerlösung
osmiumfixiert, 9350fach.

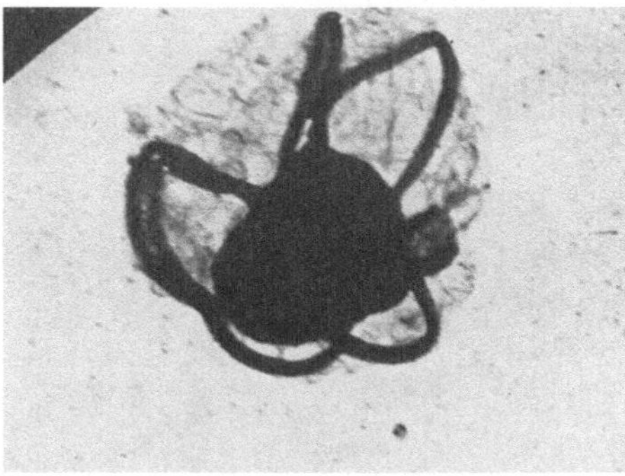

Abb. 5. Spermien in dest. H_2O 10 min
osmiumfixiert, 9350fach.

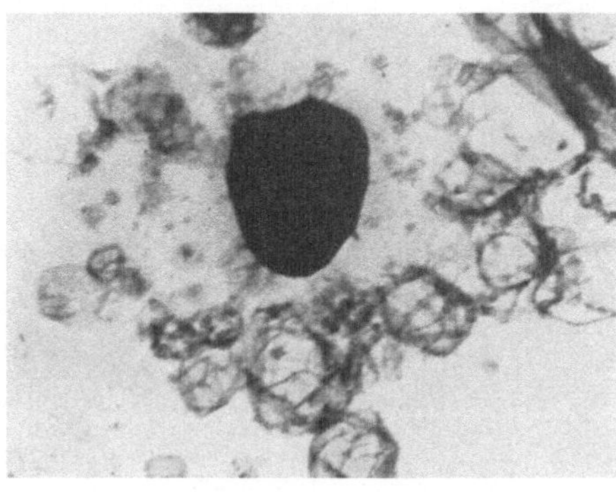

Abb. 6. Spermien in dest. H_2O 30 min
osmiumfixiert, 9350fach.

bildung 1—4). Für die präparative Darstellung beschleunigt man das Ablösen, indem man die Suspension erst zentrifugiert, das Sediment wieder in wenig destilliertem Wasser aufnimmt und ganz kurz (nur eine halbe Minute) homogenisiert. Wenn man nun erneut zentrifugiert und die gesamte Prozedur noch mehrmals wiederholt, erhält man ein rein weißes, lockeres Sediment, das nur aus Kernen besteht. Die überstehenden Flüssigkeiten der beiden Zentrifugationen enthalten sämtliche Bestandteile des Cytoplasmas. Das Kernsediment haben wir meist gleich weiter verarbeitet, einen Teil aber zur Analyse mit Aceton getrocknet. Die nicht mit Aceton behandelten Kerne haben noch dieselbe Form, optische Dichte, Kontur und denselben Durchmesser wie im unveränderten Spermatozoon. Unter dem Einfluß des Acetons schrumpfen sie etwas und bekommen einen gewellten Rand.

Keines der Kernsedimente gab die Reaktionen auf Cystin, Tyrosin und Tryptophan. Im Cytoplasma waren sie dagegen immer positiv. Wie Mirsky und Pollister[13] zuerst gezeigt haben, lösen sich die Nucleoproteide in Kochsalzlösung und werden durch viel destilliertes Wasser wieder ausgefällt. Sie fallen als Fasern aus, die sich leicht um einen Glasstab wickeln und auswaschen lassen. Wir verwandten eine 10%ige Kochsalzlösung und haben nach diesem Verfahren die Nucleoprotamine aus den Spermatozoen der Regenbogen- und Bachforelle sowie des Saiblings dargestellt.

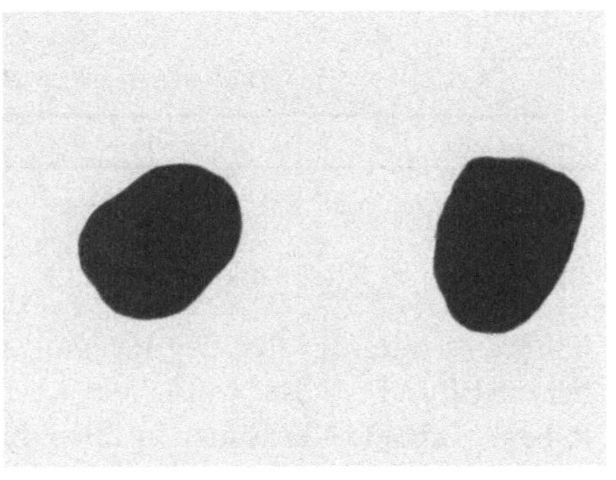

Abb. 7. Spermienköpfe nach Plasmolyse 30 min abzentrifugiert 9350fach.

Es sei noch hervorgehoben, daß sich die abzentrifugierten Kerne vollständig in der 10-%igen Kochsalzlösung auflösen und daß Mutterlauge und Waschwasser der ausgefällten Kernfasermasse praktisch frei von Stickstoff und organischer Trockensubstanz waren. In den Fasern ist also das

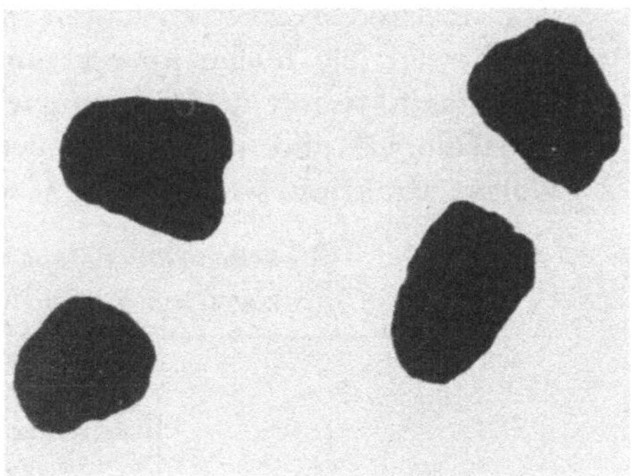

Abb. 8. Spermienköpfe mit Aceton getrocknet. 9350fach.

gesamte Material der Kerne wieder enthalten. Dafür spricht auch das Ergebnis der Analysen. Die Werte für Stickstoff, Phosphor und Arginin sind in Kernen und Fasern gleich ausgefallen, auch die Verhältnisse von Stickstoff zu Phosphor und von Phosphor zu Arginin sind dieselben.

Weiter folgt aus diesen Analysen, daß die Kerne dieser Fischspermatozoen nur aus Nucleoprotamin bestehen. Allerdings

Analysen der Kernsedimente.

	N	P	N/P	Arg	P/Arg
Regenbogenforelle .	19,67	5,87	3,35		
Saibling	19,78	5,88	3,36	30,44	1 : 0,94
Bachforelle	19,80	5,72	3,46	30,42	1 : 0,947

Analysen der Kernfasermasse.

	N	P	N/P	Arg	P/Arg
Regenbogenforelle .	19,52	5,65	3,43	30,60	1 : 0,96
Saibling	19,67	5,73	3,43	30,15	1 : 0,94
Bachforelle	19,67	5,71	3,44	30,20	1 : 0,94

könnte es sein, daß bei der Plasmolyse ein wasserlösliches Protein herausdiffundiert ist, wofür wir aber noch keinen Anhaltspunkt haben. Lipoide, die sonst in allen Kernen auftreten, scheinen in diesen nur spurenweise vorzukommen; denn das Aceton, mit dem wir sie getrocknet haben, hinterließ beim Verdunsten nur einen ganz geringen Rückstand.

Die meisten Kerne enthalten noch Fermente, namentlich Phosphatasen; sie fehlen aber in unseren Kernen. Die gesamte Phosphataseaktivität des ursprünglichen Spermatozoons geht bei der Plasmolyse und der anschließenden Fraktionierung in die Cytoplasmafraktion, wie folgende Übersicht demonstriert.

Verteilung der Phosphataseaktivität
(bezogen auf je 10 mg Stickstoff).

	Freigesetzter Phosphor in γ		
	alkalische Phosphatase nach 2 Std.	saure Phosphatase nach 2 Std.	ATP-ase nach 1 Std.
Vollsperma	2,2	68,4	108,2
Zellkerne	0	0	0
Cytoplasma	32,0	87,0	524,0

Frische Spermatozoen des Herings stehen uns z. Z. nicht zur Verfügung. Wir benutzen aber noch Vorräte ihrer getrockneten Köpfe, die wir vor dem Krieg gesammelt haben. Die Köpfe trennten wir damals von den Schwänzen dadurch ab, daß wir die wäßrige Suspension der Spermatozoen mit Essigsäure ansäuerten, wobei die Köpfe als voluminöser, leicht filtrierbarer Niederschlag ausfallen, der sich bequem mit Aceton und Äther trocknen läßt. Er besteht nicht aus reinen Kernen, wie das durch Plasmolyse gewonnene Sediment. Unter dem Phasenkontrastmikroskop sieht man, wie den Kern noch ein schmaler Saum von Cytoplasma umgibt. Die getrockneten Köpfe geben auch noch die Farbenreaktionen auf Cystin, Tyrosin und Tryptophan, die im isolierten Nucleoprotamin des Herings fehlen. Sie enthalten somit neben dem Nucleoprotamin noch anderes, nämlich Cytoplasmaeiweiß.

Aus diesem Material kann man aber das Nucleoprotamin mit 10%iger Kochsalzlösung extrahieren, wobei das Cytoplasmaeiweiß, das jene anderen Aminosäuren enthält, im Rückstand bleibt, und wenn man diesen Extrakt in destilliertes Wasser gießt, dann fällt dieselbe Fasermasse aus wie bei den Forellenspermatozoen, die auch ungefähr gleichviel Stickstoff, Phosphor und Arginin enthält. Insbesondere verhält sich auch bei ihr Phosphor zu Arginin 1:1. Daß bei dieser Extraktion ein Eiweiß zurückgeblieben ist, ergibt sich aus dem Verhältnis von Stickstoff zu Phosphor, das von 4,50 auf 3,44 abgesunken ist.

Analyse der mit Essigsäure gefällten Spermatozoenköpfe des Herings und der daraus dargestellten Kernfasermasse.

	N	P	N/P	Arg.	P/Arg
Essigsäuregefällte Spermaköpfe . .	17,72	3,93	4,50	—	—
Kernfasermasse . .	19,57	5,68	3,44	30,77	1:0,96

Um aus dem Nucleoprotamin die Nucleinsäure zu isolieren, haben wir nicht mit verdünnter Natronlauge extrahiert, sondern nach dem Vorschlag von Bang und Hammarsten[14] die Lösung des Nucleoprotamins in 10%iger Kochsalzlösung mit Kochsalz gesättigt, wobei das Protamin ausfällt. Es wurde abzentrifugiert, die überstehende Flüssigkeit durch Papierbrei filtriert und aus dem Filtrat die Nucleinsäure durch Alkohol gefällt, dialysiert und wieder gefällt. Sie fiel in ähnlichen Fasern aus wie das Nucleoprotamin selbst.

In den erhaltenen Präparaten haben wir bis jetzt erst Stickstoff und Phosphor sowie die Absorption im Ultravioletten bestimmt. Es handelt sich ausschließlich um Desoxyribonucleinsäure. Ribonucleinsäure fand sich nur in der Cytoplasmafraktion.

In den Zahlen für jene unterschieden sich die Präparate nur
geringfügig. Das Verhältnis N/P ist in der Nucleinsäure von Bachforelle und Saibling ungefähr gleich groß, etwas kleiner bei der
Regenbogenforelle und noch kleiner beim Hering.

Analysen der Nucleinsäuren aus den Nucleoproteaminen.

	N	P	N/P
Regenbogenforelle .	14,92	8,78	1,69
Saibling	15,20	8,85	1,70
Bachforelle	15,46	8,90	1,73
Hering	15,29	9,31	1,63

Die Absorptionskurve im Ultraviolett verläuft bei der Nucleinsäure und dem Nucleoprotamin des Herings wie bei jeder anderen
Nucleinsäure. Das Absorptionsmaximum liegt bei 256 mμ.

Nach Messungen in der Ultrazentrifuge, die Herr Diplom-
physiker Daimler[15] ausgeführt hat, liegt das Molekulargewicht
der Desoxyribonucleinsäure des Herings bei 800000.

In einer gleichmäßigen Suspension von Kernen haben wir in
aliquoten Teilen ihre Zahl und den Phosphorgehalt ermittelt und
den Nucleinsäuregehalt eines einzelnen Kerns berechnet. Wir fan-
den $5,5 \cdot 10^{-6}$ γ, zufällig fast dieselbe Zahl, zu der auch die beiden
Vendrely bei der Analyse der Kerne verschiedener Gewebe ge-
kommen sind[16]. In den Spermatozoen sollte man eigentlich nur
die Hälfte erwarten, nachdem sie nur einen halben Chromosomen-
satz besitzen. In Spermatozoiden haben die französischen Autoren
nur $3,0 \cdot 10^{-6}$ γ gefunden, was bei unserem Kernmaterial nicht
zutrifft. Wahrscheinlich darf man aber auf diese Zahlen kein zu
großes Gewicht legen.

Mit Hilfe der Loschmidtschen Zahl kann man weiter aus-
rechnen, wieviel Moleküle Nucleinsäure in einem einzelnen Kern
vorkommen; es sind rund $4,16 \cdot 10^6$. Da wahrscheinlich das
Nucleoprotamin nur 1 Molekül Nucleinsäure enthält, ist dies
zugleich auch die Anzahl der Nucleoproteaminmoleküle.

Mehr läßt sich über die Protamine berichten. Wir haben sie
aus den Nucleoprotaminen mit verdünnter Salzsäure extrahiert,
aus dem Extrakt die Protaminhydrochloride mit Aceton gefällt,
wieder in wenig Wasser gelöst und im gefrorenen Zustand getrocknet. Sie enthalten alle ungefähr gleichviel Stickstoff. Das

Arginin haben wir erst in zweien (Regenbogenforelle und Hering) bestimmt und ungefähr dasselbe gefunden.

Analysen der Protamine (Hydrochloride).

	N	Arg
Regenbogenforelle .	24,07	68,46
Saibling	24,34	—
Bachforelle	24,64	—
Hering	24,80	68,37

Nach dem Phosphor-, Desoxyribose- und Arginingehalt des Nucleoprotamins verhalten sich in dem Nucleoprotamin des Herings Nucleinsäure zu Protamin ungefähr wie 60:40.

Zusammensetzung des Nucleoprotamins des Herings.

berechnet aus:	DNS	Protamin
1. Phosphorgehalt von Nucleoprotamin und Nucleinsäure	61%	39%
2. Arginingehalt von Nucleoprotamin und Protamin	63%	37%

Daraus ergibt sich für dieses Nucleoprotamin ein Molekulargewicht von $1,3 \cdot 10^6$.

Zusammensetzung verschiedener Protamine
(molekulares Verhältnis der Aminosäuren).

	Hering	Regenbogen-forelle	Bachforelle	Saibling	Seeforelle
Glykokoll	—	2	2	2	2
Serin	6	3	3	3	2
Alanin	4	2	2	2	2
Threonin	2	—	—	—	—
Valin	4	4	5	5	2
Prolin	5	5	5	5	5
Isoleucin	1	1	—	—	1
Arginin	53	50	50	50	40—50
Lysin	—	2	—	—	—
Histidin	—	—	—	—	5—15
Asparaginsäure . .	—	—	—	—	1
Glutaminsäure . .	—	—	—	—	1

Arginin enthalten diese Protamine etwa gleichviel, unterscheiden sich aber in den Monoaminosäuren, wie die vorstehende

Tabelle demonstriert. Nur im Clupein wurden die Aminosäuren analytisch bestimmt, bei den anderen ihre relativen Mengen aus Größe und Intensität der Ninhydrinflecke auf dem Papierchromatogramm geschätzt. Das Protamin der Seeforelle, das noch in die Tabelle aufgenommen ist, stammt aus der Sammlung von Kossel.

Glykokoll fehlt im Clupein, dem Protamin des Herings, tritt aber in allen Forellenprotaminen auf. Alanin, Serin, Valin und Prolin fanden wir in allen; Threonin dagegen wieder nur im Clupein; Isoleucin fehlt bei der Bachforelle und dem Saibling, ist aber bei den drei anderen vorhanden.

Zweifellos ist diese Verteilung der Aminosäuren charakteristisch für die einzelnen Tierarten und reicht offenbar aus, um mit der Nucleinsäure zusammen die Erbfaktoren des Fischvaters auf die Nachkommen zu übertragen; und es wird auch kein Zufall sein, daß die Protamine der Bachforelle und des Saiblings gleich zusammengesetzt sind; denn diese beiden Forellenarten lassen sich miteinander kreuzen, die anderen nicht.

Wenn es zutrifft, daß der Kern dieser Fischspermatozoen nur aus Nucleoprotamin besteht, dann müssen aus diesem auch die Chromosomen und die Gene gebildet werden. Die Frage, welche Strukturelemente des Nucleoprotamins diesen Gebilden entsprechen, können wir gegenwärtig noch nicht beantworten, aber wenigstens das Nucleoprotamin auf seine Gliederung überprüfen.

Der ursprüngliche Kern ist vielleicht ein homogenes Gel aus Nucleoprotamin, nachdem sich keine Struktur in ihm nachweisen läßt; ein Gel, das aber die Fähigkeit besitzt, in Fasern überzugehen. Vielleicht wird bei der Ausbildung der Chromosomen von dieser Fähigkeit Gebrauch gemacht. Sie beruht zweifellos auf der Nucleinsäurekomponente des Nucleoprotamins.

Über die Gliederung der Nucleinsäure wissen wir noch nichts. Die der Protamine konnten wir erst am Clupein untersuchen. Nach den Ergebnissen der Elektrophorese[17] und dem Verhalten in der Ultrazentrifuge[15] ist dieses nicht einheitlich, sondern ein Gemisch aus mehreren (vielleicht 6) einander sehr ähnlichen Komponenten, die sich durch das Molekulargewicht unterscheiden, auf eine Monoaminosäure aber durchschnittlich zwei Argininreste enthalten. Der hohe Gehalt an Arginin bestimmt ihre Eigenschaften, erschwert aber ihre Trennung. Ihr Molekulargewicht dürfte zwischen 2000 und 10000 schwanken und im rohen Durchschnitt 5000 betragen, so daß auf 1 Molekül Nucleinsäure rund 100 Moleküle Clupein treffen.

Die Monoaminosäuren werden auf die Komponenten verschieden verteilt sein. Die in geringer Konzentration vorhandenen wie Isoleucin und Threonin können nur in wenigen vorkommen. In dieser Hinsicht ist eine gewisse Mannigfaltigkeit möglich, die der Chromosomenzahl gerecht würde. Weitere Variationen ergeben sich aus der Anordnung der Aminosäuren in der Peptidkette.

Eine Komponente des Clupeins mit dem berechneten Mindestmolekulargewicht von 4470 haben wir bereits daraufhin untersucht, wie die Aminosäuren aneinandergereiht sind. Die Kette beginnt am Aminoende mit einem Prolinrest und schließt mit Arginyl-arginin am Carboxylende[18]. Aus partiellen Säure- und Fermenthydrolysaten haben wir mit Herrn Dr. RAUEN und Diplomchemiker ZIMMER zusammen bis jetzt folgende Peptide isoliert: Alanyl-alanin, Arginyl-arginin, Alanyl-arginyl-arginin, Seryl-arginyl-arginin und Triarginyl-arginin. Da die Ausbeute an dem letzten ziemlich hoch war, muß diese Kombination von 4 Argininresten nebeneinander mehrmals in der Peptidkette auftreten[19].

Auch die neuen Ergebnisse passen noch in die Formel, die wir seinerzeit für diese Komponente des Clupeins aufgestellt haben. Nach ihr beginnt die Kette mit einem Prolylrest, dann wechseln regelmäßig 4 Arginylreste mit 2 Monoaminosäureresten und endet mit Arginyl-arginin.

$$\text{Prol (Arg-Arg-Arg-Arg-M-M)}_5\text{-Arg-Arg.}$$

Da die Forellenprotamine ebensoviel Arginin enthalten wie das Clupein, dürfte auch in ihnen Arginyl-arginin und Triarginyl-arginin vorkommen.

Nucleohistone.

Verwandt mit den Nucleoprotaminen sind die Nucleohistone. Die Eiweißkomponente, das Histon, enthält viel mehr Aminosäuren als die Protamine, darunter auch Cystin, Methionin und Tyrosin. Tryptophan scheint zu fehlen. Sie gleichen diesen aber noch darin, daß die basischen Aminosäuren überwiegen und somit das Histon ebenfalls ein basisches Protein ist. Im Nucleohiston ist es auch salzartig mit der Nucleinsäure verbunden[20]. Die Nucleinsäure ist wieder sehr wahrscheinlich Desoxyribonucleinsäure.

Das erste Histon und Nucleohiston wurde von KOSSEL aus den Kernen der roten Vogelblutkörperchen isoliert[21]. Auch die Kerne der reifen Spermatozoen einiger Fische enthalten Histon, ebenso die Erythrocyten der Fische. Am besten untersucht sind aber Nucleohiston und Histon der Thymusdrüse des Kalbes. Weiter ist es in den Lymphocyten des Menschen nachgewiesen worden[22]. MIRSKY meint, daß in allen Kernen, z. B. auch in denen der Leberzellen, ein Histon enthalten, und daß es das Eiweiß der Chromosomen sei.

Aus der Thymusdrüse läßt sich Histon relativ leicht mit verdünnten Säuren extrahieren. Schwieriger dagegen ist das Nucleohiston zu erhalten, weil es im Lauf der Darstellung leicht von den Zellfermenten angegriffen wird.

Aminosäuren der Histone aus Kalbsthymus, Kalbsleber und Vogelerythrocyten.

Nach M. M. DALY, A. E. MIRSKY und HANS RIS.

Aminosäure	g Aminosäure pro 100 g Protein		
	Kalbs-thymus-histon	Kalbsleber-histon	Vogel-erythro-cytenhiston
Leucin	7,93	7,82	8,68
Isoleucin	3,35	3,98	5,50
Phenylalanin . . .	2,86	3,08	3,16
Valin	3,70	4,65	5,16
Methionin	1,21	0,97	0,0
Tyrosin	3,58	3,48	3,49
Prolin	3,34	2,89	3,44
Glutaminsäure . .	10,9	9,02	9,81
Alanin	7,41	6,09	6,86
Threonin	5,33	5,45	4,52
Asparaginsäure . .	6,02	4,73	5,30
Serin	3,79	3,42	5,23
Glycin	4,80	4,43	4,37
Ammoniak	—	—	—
Arginin	15,1	13,2	13,1
Lysin	12,7	10,2	10,6
Histidin	2,22	2,04	2,06
Cystin	0,74	—	—

M. K. DALY, A. E. MIRSKY und H. RIS haben Histon aus Thymus, Leber und Hühnererythrocyten isoliert und die Amino-

säuren in ihnen bestimmt[23]. An den Analysen fällt auf, daß die
Histone im großen und ganzen ziemlich gleichmäßig zusammengesetzt sind und sich nur in Einzelheiten unterscheiden. So fehlt
anscheinend Methionin im Histon der Hühnererythrocyten, tritt
aber in dem des Kalbsthymus auf.

Man erwartet natürlich ähnliche Unterschiede zwischen den
Histonen der einzelnen Tierarten, wie wir sie bei den Protaminen
fanden, wenn wirklich ein Histon das Eiweiß der Chromosomen ist.

Das Nucleohiston aus Kalbsthymus hat ein Molekulargewicht
von $2 \cdot 10^6$ [24]. Sein Molekül ist asymmetrisch geformt mit einem
Achsenverhältnis von ungefähr 36:1. Nucleinsäure und Eiweiß
machen je die Hälfte des Moleküls aus.

Ribonucleoproteide.

Noch weniger können wir heute über die Nucleoproteide sagen,
die Ribonucleinsäure enthalten und im Kern, vorwiegend aber in
den Mitochondrien und Mikrosomen des Cytoplasmas vorkommen [25, 26, 27]. Die beiden Komponenten lassen sich nicht so leicht
voneinander trennen, sind also nicht dissoziabel gebunden. Das
Eiweiß enthält offenbar noch mehr Aminosäuren als die Histone,
darunter wahrscheinlich auch Tryptophan, und die Monoaminosäuren überwiegen so sehr, daß der basische Charakter verloren ist
und neben der salzartigen noch apolare Bindungen auftreten.
Ähnliche Nucleoproteide kommen vielleicht auch in den Bakterien vor.

Keines dieser Nucleoproteide ist bis jetzt zuverlässig rein
isoliert und analysiert worden.

Nucleoproteide und Eiweißproduktion.

In allen Zellen findet man zu den Zeiten, während welcher sie
viel Eiweiß produzieren, auch viel Nucleinsäuren, so namentlich
in den Leber- und Pankreaszellen[28]. Jene bilden u. a. die Proteine
des Blutplasmas und diese die Fermentproteine des Verdauungs-
saftes. Die Leberzellen von reichlich ernährten Ratten enthalten
viele basophile Körnchen, die sich mit Pyronin färben[29] und in der
Hauptsache aus Nucleoproteiden bestehen. Gibt man den Tieren
dagegen wenig oder gar kein Eiweiß, so verschwinden diese
Granula. Vielleicht repräsentieren diese einen Teil jenes labilen

Eiweißes, das sich in der Leber ansammelt, wenn das Stickstoffgleichgewicht auf ein hohes Niveau eingestellt ist.

Auf die gleiche Beziehung zwischen Eiweißumsatz und Nucleinsäuregehalt trifft man auch bei der Analyse der Epidermis. In ihren einzelnen Schichten nimmt der Gehalt an Nucleoproteiden von innen nach außen in dem Maße ab, wie die Zellen weniger tätig sind und stärker verhornen[30].

Ein weiteres interessantes Beispiel bietet die Nervenzelle. Sie hört schon ziemlich früh in der Entwicklung auf, sich zu teilen und braucht später für diesen besonderen Zweck kein Eiweiß mehr zu erzeugen. Wenn sie aber den Achsenzylinder und die Dendriten ausbildet, dann muß sie wieder viel Eiweiß produzieren, und in dieser Zeit vermehren sich in ihr die Nucleoproteide und wächst der Nucleolus [3, 32].

Es soll sogar eine Beziehung zwischen dem Funktionszustand der Nervenzelle und ihrem Gehalt an Nucleoproteiden bestehen[33]. HAMBERGER und HYDÉN[34] haben Meerschweinchen akustisch stark gereizt und dabei beobachtet, daß die Zellen des Cochlearganglions an Nucleoproteid verarmten. Je nachdem, wie stark der Reiz war, dauerte es verschieden lange, unter Umständen sogar einige Wochen, bis der normale Zustand wieder hergestellt war. Die Resynthese soll durch Malonsäurenitril gefördert bzw. der Schwund verhindert werden.

Besonders sinnfällig muß nach verschiedenen Autoren diese Beziehung zwischen Eiweißsynthese und Nucleoproteidgehalt bei den virusinfizierten Zellen sein [30, 36]. Wie schon erwähnt, sind die Viren selbst in der Hauptsache Nucleoproteide; und sich in fremdem, lebendigen Milieu zu reproduzieren oder reproduziert zu werden, ist die wesentliche Äußerung ihres Lebens. In den infizierten Zellen nehmen die Nucleoproteide gewaltig zu. Das Virus regt die Zellen zu intensiver Eiweißproduktion an; aber diese erzeugen kaum mehr ihr eigenes Nucleoproteid, sondern nur noch das fremde. Es ist, als ob das fremde Muster die Proteinsynthese in eine andere, falsche Bahn abgedrängt hätte.

Da sich die Bakterien sehr rasch vermehren, findet man auch in ihnen viel Nucleoproteide, und um so mehr, je lebhafter sie wachsen[1].

Die Basophilie des Plasmas, die man an den jungen neutrophilen Leukocyten beobachtet, ist ebenfalls durch Nucleoproteide bedingt und ist wieder ein Ausdruck für die rege Eiweißsynthese. Sie läßt mit dem Alter nach, und im gleichen Maße geht die Basophilie in eine Acidophilie über. Die Basophilie ist nicht mehr nachzuweisen, wenn die Zellen vor der Färbung mit Nuclease behandelt werden, weil die Nucleinsäure gespalten und herausgelöst wird[35].

Da Nucleinsäure im Kern und Cytoplasma vorkommt, kann auch in beiden Eiweiß synthetisiert werden. Die Desoxyribonucleinsäure beherrscht wohl die Synthese des spezifischen Kerneiweißes, das bei der Teilung in den Chromosomen auftritt, also des Histons oder des Protamins. Die Ribonucleinsäure beherrscht die Synthese des Eiweißes im Cytoplasma und desjenigen, das von der Zelle nach außen abgegeben wird, z. B. der Plasmaproteine des Blutes in der Leberzelle und der Sekretproteine in der Pankreaszelle. Im allgemeinen enthalten die Gewebe mehr Ribo- als Desoxyribonucleinsäure. Nach dieser Ansicht würde also das Cytoplasma- und Sekreteiweiß im Kern wie im Cytoplasma synthetisiert werden. Alle Zellen mit lebhaftem Eiweißumsatz sollen große Kernkörperchen besitzen. Dort befindet sich die Ribonucleinsäure und dort soll die Synthese dieser Proteine beginnen. Von der Kernribonucleinsäure soll sie an die im Zellplasma abgegeben werden.

Im normalen Zellgeschehen wird die Ribonucleinsäure nach Versuchen mit radioaktivem Phosphor[37] viel lebhafter umgesetzt als die Desoxyribonucleinsäure. Es wird eben mehr Cytoplasma- und Sekreteiweiß gebildet als Kerneiweiß. Nur wenn es auf die Teilung der Zelle zugeht, dann wird auch mehr Desoxyribonucleinsäure umgesetzt. So nehmen die Kerne in der sich regenerierenden Leber mehr radioaktiven Phosphor auf als in der ruhenden[28, 38]

Je mannigfaltiger die Aufgaben sind, die eine Zelle zu erfüllen hat, um so komplizierter ist auch ihr Kern aufgebaut. Die einzelnen Kerne enthalten alle ungefähr gleichviel Desoxyribonucleinsäure, aber bezogen auf die Gewichtseinheit der Kernmasse wechselt der Gehalt erheblich. Hungertiere enthalten relativ mehr als gut ernährte[39]. In den Zellen, die mehrere Funktionen zu erfüllen haben, ist der Kern komplizierter gebaut und enthält mehr Substanzen neben dem Desoxyribonucleoproteid, z. B. Fermente, Vitamine, freie Aminosäuren[40]. Die Spermatozoen haben nur die Aufgabe, die Eizelle zu befruchten. Sie leben kurz und brauchen kein neues Eiweiß zu produzieren. Der Kern hat die einzige Aufgabe, die väterlichen Merkmale auf die Nachkommenschaft zu übertragen; deswegen ist er so einfach aufgebaut und besteht nur aus Nucleoprotamin neben einer kleinen Menge Lipoid, von dem aber noch nicht entschieden ist, ob es ein integrierender Bestandteil dieses Kerns ist.

Literatur.

[1] CHARGAFF, E., and E. VISCHER: Ann. Rev. of Biochem. 17, 201 (1948). CHARGAFF, E.: Cold Spring Harbor Symposia on Quantit. Biol. 12, 28 (1947).

[2] CASPERSSON, T.: Naturwiss. 23, 500, 527 (1935); 24, 108 (1936). — Skand. Arch. Physiol. 73, Suppl. 8 (1936).

—, and J. SCHULTZ: Nature (Lond.) 142, 294 (1938).

—, and J. H. BODINE: J. Cell. Comp. Physiol. 14, 159 (1939).

[3] POLLISTER, A. W., and H. RIS: Cold Spring Harbor Symposia on Quantit. Biol. 12, 147 (1947).

[4] SERRA, J. A., e A. QUEIROZ LOPES: Port. Acta Biol. 1, 51 (1945).

[5] GREENSTEIN, J. P.: Adv. in Prot. Chem. 1, 210 (1944).

[6] MIRSKY, A. E., and H. RIS: J. Gen. Physiol. 31, 1 (1947); 31, 7 (1947).

[7] CALVET, F., B. SIEGEL and K. G. STERN: Nature (Lond.) 162, 305 (1948).

[8] POLLISTER, A. W., and C. LEUCHTENBERGER: Nature (Lond.) 163, 360 (1949).

[9] CAMPBELL, R. W., and H. W. KOSTERLITZ: J. Physiol. 106, 12 (1947).

[10] CLAVERT, J., P. MANDEL, L. MANDEL et M. JACOB: C. r. Soc. Biol. 143, 539 (1949).

[11] MIRSKY, A. E., and A. W. POLLISTER: Trans. N. Y. Acad. Sci. Ser. II, 5, 187 (1943).

[12] FELIX, K., H. FISCHER, A. KREKELS u. R. MOHR: Z. physiol. Chem. 287, 224 (1951).

[13] MIRSKY, A. E., and A. W. POLLISTER: Proc. Nat. Acad. Sci. 28, 344 (1942).

[14] BANG, J., u. O. HAMMARSTEN: Biochem. Z. 144, 386 (1923).

[15] DAIMLER, B.: Inauguraldiss. Frankfurt/M. 1951.

[16] VENDRELY, R., et C. VENDRELY, 1st International Congreß of Biochemistry, Cambridge 1949, S. 611.

[17] STAMM, W.: Unveröffentlichte Untersuchungen.

[18] DIRR, K., u. K. FELIX: Z. physiol. Chem. 205, 83 (1931).

[19] FELIX, K., R. INOUYE u. K. DIRR: Z. physiol. Chem. 211, 187 (1932).

—, R. HIROHAPA u. K. DIRR: Z. physiol. Chem. 218, 269 (1933).

—, Hauptversammlung d. Ges. Deutscher Chemiker 1950.

[20] STEUDEL, H.: Z. physiol. Chem. 90, 291 (1914).

[21] KOSSEL, A.: Protamine und Histone, Leipzig und Wien 1929.

[22] FELIX, K.: Schweiz. med. Wschr. 1923, Nr. 23.

[23] DALY, M. M., A. E. MIRSKY and H. RIS: J. Gen. Physiol. 34, 439 (1951).

[24] CARTER, R. O.: J. Amer. Chem. Soc. 63, 1960 (1941).

[25] LE PAGE, G. A., and W. C. SCHNEIDER: J. of Biol. Chem. 176, 1021 (1949).

[26] HOGEBOOM, G. H.: J. Biol. of Chem. 177, 847 (1949).

[27] Pouyet, J.: C. r. **228**, 608 (1949). — Boivin, A., R. Vendrely, C. Vendrely and Pouyet: 1st Internat. Congr. Biochem. 609 (**1949**).

[28] Davidson, J. N.: Cold Spring Harbor Symposia on Quantit. Biol. **12**, 50 (1947).

[29] Campbell, R. M., u. H. W. Kosterlitz: Z. Physiol. **106**, 12 (1947).

[30] Hydén, H.: Cold Spring Harbor Symposia on Quantit. Biol. **12**, 104 (1947).

[31] Hydén, H.: Cold Spring Harbor Symposia on Quantit. Biol. **12**, 106 (1947).

[32] Hydén, H.: Z. mikrosk.-anat. Forsch. **54**, 96 (1943).

[33] Hochberg, I., u. H. Hydén: Acta physiol. scand. 17, Suppl. **60**, 1—63 (1949).

[34] Hamberger, C. A., u. H. Hydén: Acta oto-laryng. scand. (Stockh.) Suppl. **61**, (1945).

[35] Davidson, J. N., I. Leslie and J. C. White: Biochemic. J. **41**, Proc. XXVI.

[36] Knight, C. A.: Cold Spring Harbor Symposia on Quantit. Biol. **12**, 115 (1947).

[37] Hammersten, E., u. G. Hevesy: Acta physiol. scand. **11**, 335 (1946).

[38] Novikoff, A. B., and V. R. Potter: J. of biol. Chem. **173**, 223 (1948).

[39] Ris, H., and A. E. Mirsky: J. gen. Physiol. **33**, 125 (1949).

[40] Dounce, A. L., G. H. Tishkoff, S. R. Barnett and R. M. Freer: J. gen. Physiol. **33**, 629 (1950).

Diskussionsbemerkungen.

Kofrany (Dortmund): Welche Versuche sind gemacht worden, um das Molekulargewicht von Clupein oder Clupeingemischen zu bestimmen?

Felix (Frankfurt/M.): Wir haben zunächst das Mindest-Molekulargewicht einer Fraktion aus dem Methoxylgehalt ihres Methylesterhydrochlorids errechnet und 4500 gefunden. Geht man aber vom Isoleucin aus, der Aminosäure, die in der geringsten Konzentration vorkommt, so ergibt sich ein Mindest-Molekulargewicht von 10000—11000 für das gesamte Gemisch der Clupeinkomponenten.

Daimler (Frankfurt/M.) berichtet über Versuche mit Clupeinesterhydrochlorid in der Ultrazentrifuge. Als Lösungsmittel wurde Methanol verwendet, da es eine geringe Viscosität und ein niedriges spezifisches Gewicht besitzt, wodurch die Sedimentation des Clupeins gegenüber seiner Lösung in Wasser verbessert werden sollte.

Am Meniskus der sedimentierten Lösungssäule bildet sich *eine* steile Flanke eines Gradienten aus. Die steilste Stelle löst sich zunächst nicht vom Meniskus ab, sondern verbreitert sich nur in Richtung zum Zellboden unter zunehmender Verflachung. Erst nach drei bis vier Std. entsteht ein deutlicher Gipfel, der meßbar sedimentiert. Die Sedimentationsgeschwindigkeit nimmt dabei mit Annäherung an den Zellboden ab. Der Konzentrationsanstieg am Zellboden, der sich im Verlaufe der Sedimentation ausbildet, verhindert wahrscheinlich durch starke Diffusion die weitere Messung. Der

gesamte Vorgang wiederholt sich während des Versuches interessanterweise
ein zweites Mal, was wohl auf eine zweite Komponente hindeutet.

Es ist noch zu erwähnen, daß zu Anfang des Versuchs sich einige kleinere,
kurzlebige Gipfel zeigen, die immer wieder auftreten. Sie besitzen die
gleiche Sedimentationsgeschwindigkeit wie das übrige Präparat. Solche
Erscheinungen wurden auch von anderen Autoren an anderem Material
beobachtet.

Eine Reihe von Untersuchungen ergibt eine Sedimentationskonstante
in Methanol von 1—4 mal 10^{-13}, wobei zu berücksichtigen ist, daß die Sedimentation in Methanol etwa dreimal so schnell wie in Wasser verläuft.
Unter der Annahme, daß es sich um kugelförmige Partikel handelt, und das
partielle spezifische Volumen in Methanol gleich 1 ist, errechnet sich für den
höchsten Wert der Sedimentationskonstante ein Molekulargewicht von
24000. Das partielle spezifische Volumen von 0,75 ergäbe etwas geringere
Werte. Daraus folgt, daß unter den gemachten Annahmen das Molekulargewicht zwischen 4000 und 15000 zu berechnen wäre, wobei die Unsicherheit
auf den für die exakte Ausmessung ungünstigen Sedimentationsverlauf
zurückzuführen ist.

LANG (Mainz): Die Untersuchungsergebnisse an Zellkernen von Spermatozoen sprechen dafür, daß ihnen in der Hauptsache die Funktion der
Weitergabe des Erbgutes obliegt. Die Kerne von Leber- oder Nierenzellen
sind dagegen auch mit der Eiweißsynthese beauftragt. Wenn in den Sper-
matozoenkernen Fermente, insbesondere Phosphatase und Adenosintri-
phosphatase fehlen, so müssen sie später im Zellkern gebildet, d. h. ihr
Eiweiß muß synthetisiert werden. Die gestern angestellten energetischen
Berechnungen für die Eiweiß-Synthese werden durch diese Annahme weiter
gestützt.

STAMM (Frankfurt/M.): Nach Elektrophorese-Versuchen ist das Clupein
nicht einheitlich. Bei der Papierelektrophorese wird es in zwei Komponenten
zerlegt, die retentiometrisch mittels Pikrinsäure nachzuweisen sind. In
Versuchen mit der ANTWEILERschen Apparatur ergab sich, daß Clupein aus
mindestens vier bis sechs Komponenten besteht, die sich im absteigenden
Ast zu erkennen geben. Diese Versuche wurden etwa 35mal durchgeführt,
um statistische Fehler auszuschalten; es zeigte sich immer dasselbe Kurven-
bild.

SCHRAMM (Tübingen): Die vorhin gezeigten Sedimentationskurven
zeigen ziemlich breite Gipfel, was auch auf Uneinheitlichkeit des Clupeins
schließen läßt. Diese Uneinheitlichkeit ließe sich noch überzeugender
zeigen, wenn man in die gemessene Diffusionskurve die theoretische ein-
zeichnete. Eine sich ergebende Differenz würde beweisen, daß der breite
Gipfel nicht durch Diffusion bedingt ist. Könnte man nicht durch längere
Elektrophoresedauer die Gipfel weiter auseinander bekommen?

Nimmt man an, daß das Clupein das Gen-Material bildet, so müßte es
sehr viele Kombinationsmöglichkeiten geben. Somit läge es in der Natur
der Sache, das daß Clupein uneinheitlich ist.

STAMM (Frankfurt/M.): Das Clupein, das einen isoelektrischen Punkt
bei etwa 12 pH hat, ist ein sehr starkes Kation. Zwischen pH 9 bis pH 1 ist

die Abhängigkeit der Wanderungsgeschwindigkeit vom pH nicht ausgeprägt und es erscheint daher fraglich, ob es gelingt, es besser als bisher elektrophoretisch aufzuteilen.

HOLZER (München): Versuche von WARBURG haben gezeigt, daß man mit Nucleinsäure gewisse Proteinfraktionen bei der Fraktionierung anreichern kann. Es wird gefragt, ob etwas über die Spezifität der Protein-Nucleinsäurebindung bekannt ist und ob diese Spezifität soweit geht, wie bei Fermentsubstratverbindungen.

FELIX (Frankfurt/M.): Wir haben bisher mit natürlichen Nucleoprotaminen gearbeitet, die sich ziemlich ähnlich sind und sich leicht durch verdünnte Säuren und Alkalien zerlegen lassen. Die Festigkeit der Bindung ist aber noch nicht genau gemessen. Obwohl es müßig ist, zu spekulieren, könnte man sich vorstellen, daß für die Reproduktion des Eiweißes nicht unbedingt ein ganzes Molekül als Muster vorliegen muß, sondern daß ein Teil, also etwa irgendeine Kombination von Arginin mit bestimmten Aminosäuren hierzu genügt. Dieser Teil müßte dann allerdings ein wesentliches Strukturelement repräsentieren.

DIRSCHERL (Bonn): Wenn außer den Nucleoprotaminen im Kern der Spermatozoen Lipoide, wenn auch nur in geringen Mengen, vorhanden wären, wäre die Variationsmöglichkeit ja viel größer.

FELIX (Frankfurt/M.): Ob Lipoide im Spermatozoenkern vorhanden sind, haben wir nicht eigens geprüft. Bei unserer früheren Darstellung, wo die Köpfe mit Essigsäure gefällt wurden, ging bei der anschließenden Trocknung mit Aceton und Äther immer etwas Lipoid in den Äther, aber es läßt sich nicht sagen, ob es nicht durch die Essigsäure aus den Cytoplasma-Beimengungen ausgefällt wurde. Wir wissen somit noch nicht, ob Lipoide wesentlich am Chromosomen-Aufbau beteiligt sind.

SCHRAMM (Tübingen): Man nimmt an, daß zu den Virusproteinen die Lipoide unbedingt dazugehören.

STAUDINGER (Mannheim): Haben die Protamine eine serologische Spezifität ?

FELIX (Frankfurt/M.): Eigene Versuche liegen hierüber nicht vor. In den zwanziger Jahren sind solche Versuche gemacht worden, und es wurde, soweit ich mich erinnern kann, keine Immunreaktion gefunden, aber irgendeine giftige Wirkung; jedoch waren möglicherweise die damaligen Präparate nicht rein genug.

JOST (Köln): Wenn in überreizten Nervenzellen die Nucleoproteide abnehmen und bei der Erholung ergänzt werden, spricht dies für das Vorhandensein eines Eiweißstoffwechsels in diesen Zellen. Früher nahm man an, daß im Gehirn ausschließlich Zucker umgesetzt wird.

FELIX (Frankfurt/M.): Nach verschiedenen Autoren setzt die Nervenzelle Aminosäuren, insbesondere Glutaminsäure, um.

ORTMANN (Frankfurt/M.): GERSH und BODIAN sowie BODIAN und MELLORS behaupten, daß bei der Axonreaktion die Ribonucleinsäure aufgelöst bzw. zerlegt und dadurch der Turgor in den Ganglienzellen erhöht wird. Letzteres hat vielleicht eine Bedeutung für das Auswachsen des neuen Neuriten. Das beweist vielleicht, daß Nucleoproteide bei dem Aufbau von

Substanzen, die von der Ganglienzelle gebildet werden, auch eine Rolle spielen.

LANG (Mainz): In letzter Zeit ist beobachtet worden, daß das Gehirn eine große Menge Ammoniak bildet und es nur schwer wieder abgeben kann. Nach Ansicht von WEIL-MALHERBE dient die Glutaminsäure zum Auffangen des Ammoniaks. Danach dürfte der Eiweißstoffwechsel im Gehirn eine große Rolle spielen.

GRAFFI (Berlin): Gewebspartien aus Hundeorganen wurden in die einzelnen Zellbestandteile fraktioniert und diese Fraktionen auf ihren Gehalt an Nucleoproteiden untersucht. Dabei wurde eine Parallelität der Mengen an Nucleoproteiden zur Funktion der Eiweißsynthese gefunden. Ferner war der Nucleinsäuregehalt (durch Phosphorbestimmung ermittelt) in den einzelnen Organen sehr verschieden, z. B. enthielt das Proteid der Cytoplasma-Granula des Ascites-Carcinoms mehr Nucleinsäure als das Proteid der Cytoplasma-Granula der Leber.

FISCHER (Frankfurt/M.): Nach Fällung mit kalter Trichloressigsäure fallen im Extrakt Farbreaktionen auf Nucleinsäure negativ aus. Sie werden erst nach 15- bis 20 minutigem Erhitzen beim Extrahieren positiv, was auch gegen das Vorhandensein von freien Nucleinsäuren spricht.

Max-Planck-Institut für Biochemie, Abt. Virusforschung, Tübingen.

Makromolekulare Struktur der Nucleinsäuren.

Von

GERHARD SCHRAMM.

Mit 2 Textabbildungen.

In neuerer Zeit sind einige gute Zusammenfassungen [1, 2, 3] über die Struktur der Nucleinsäuren erschienen, so daß sich das vorliegende Referat darauf beschränken kann, einige wichtige Tatsachen herauszugreifen und die noch offenen Probleme in großen Zügen zu umreißen.

Die Desoxyribosenucleinsäuren.

Darstellungsmethoden. Eine wichtige Voraussetzung für eine erfolgversprechende Konstitutionsermittlung der Nucleinsäuren ist eine möglichst schonende Darstellungsmethode. Ältere Verfahren, die unter Verwendung von starkem Alkali oder Säuren durchgeführt werden, sind nicht geeignet. Ein schonendes Verfahren wurde z. B. von GULLAND, JORDAN und THRELFALL[4] vorgeschlagen. Es beruht im wesentlichen auf der Extraktion des Nucleoproteids mit 10%iger NaCl-Lösung und der Abtrennung des Eiweißes nach der Methode von SEVAG, LACKMANN und SMOLENS[5], wobei die Nucleoproteidlösung mit Chloroform und Octyl- bzw. Amylalkohol durchgeschüttelt wird. SIGNER und SCHWANDER[6] wandten eine Modifikation des alten Verfahrens von HAMMERSTEN[7] an, wobei sie den enzymatischen Abbau der Nucleinsäuren während der Darstellung durch Zugabe von Fluorid unterbanden. In einigen Fällen ist auch eine elektrophoretische Reinigung[8] zu empfehlen.

Chemischer Aufbau. AVERY[9] und Mitarbeiter zeigten, daß reine Desoxyribosenucleinsäuren (DN-Säuren) aus Pneumokokken trotz ähnlichen chemischen Aufbaus verschiedenartige biologische Wirkungen als Transformationsfaktoren entfalten können. Bei anderen DN-Säuren wurden bereits Unterschiede in der analytischen Zusammensetzung festgestellt. Es besteht also kein Zweifel darüber, daß es eine große Reihe verschiedenartiger DN-Säuren gibt. Es ist daher fraglich, inwieweit die bei einer bestimmten

Desoxyribosenucleinsäure (DNS) gewonnenen Erkenntnisse ver-
allgemeinert werden dürfen. Wir werden uns daher im wesentlichen mit der DNS aus Kalbsthymus beschäftigen, die am besten
untersucht ist.

Bei der fermentativen Spaltung der bisher untersuchten
DN-Säuren entstehen bekanntlich vier Nucleotide, die sich von
der Adenyl-, Guanyl-, Cytidyl- und Thyminsäure ableiten. Damit
ist jedoch die Anwesenheit auch anderer Nucleotide nicht ausgeschlossen. So wurde in kleinen Mengen auch 5-Methylcytosin in
DN-Säuren nachgewiesen[10]. Die Konstitution dieser Nucleotide
ist gesichert bis auf die Stellung der Phosphatgruppe, die aus
Analogiegründen meist in 3-Stellung angenommen wird. Der end-
gültigen Konstitutionsaufklärung steht die hohe Empfindlichkeit
dieser Nucleotide gegen Säuren entgegen.

In der Thymus-DNS sind diese Nucleotide durch Phosphorsäure esterartig miteinander verknüpft, wobei die Phosphorsäure
das Hydroxyl 3 des einen mit dem Hydroxyl 5 des anderen Zucker-
restes verbindet. Hierfür sprechen folgende Versuche. Arbeiten
von Bredereck und Mitarbeitern[11] zeigten, daß bei der DNS eine
Desaminierung ohne Aufspaltung möglich ist. Hiernach ist eine
P—N-Bindung ausgeschlossen. Die Hauptstütze bildet jedoch die
von Gulland und Mitarbeitern[12] durchgeführte elektrometrische
Titration der DNS aus Kalbsthymus, Lammthymus und Herings-
sperma. Es wurde gezeigt, daß je vier P-Atome, vier primäre
Phosphorsäuregruppen, drei Aminogruppen und zwei enolische
Hydroxylgruppen der Purine bzw. Pyrimidine in freier, titrierbarer
Form vorliegen. Weiterhin konnte gezeigt werden, daß zwischen
p_H 12 und 13,5 kein Alkali mehr aufgenommen wird. Da die
p_H-Werte der Zuckerhydroxyle in der Nähe von 12,5 liegen, sind
also in der DNS keine freien Zuckerhydroxyle vorhanden. Somit
kommt also als Hauptverknüpfungsart nur eine 3—5-Bindung der
Phosphorsäure in Frage. Die Genauigkeit der Titration genügt
jedoch nicht, um einen geringeren Prozentsatz (5—10%) anderer
Verknüpfungsarten auszuschließen. Endständige sekundäre Phosphorsäuregruppen sind nur in sehr geringer Menge nachweisbar.
Hiernach sind also die bisher untersuchten DN-Säuren gerade un-
verzweigte Ketten erheblicher Länge (s. Abb. 1). Hiermit stehen
auch die physikalisch-chemischen Messungen an der DNS in
Übereinstimmung, die zeigen, daß die DNS ein stark symmetri-

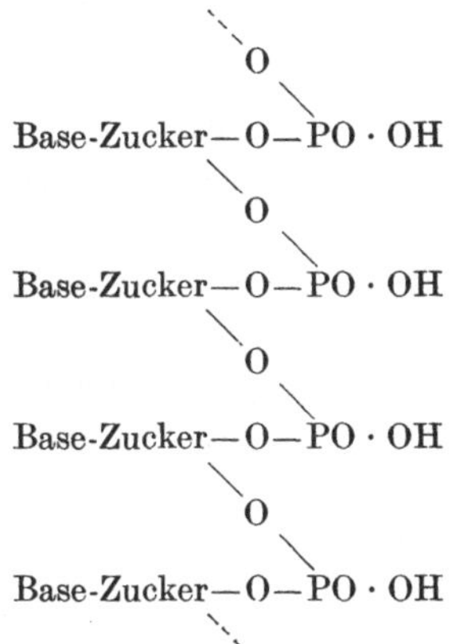

Abb. 1. Struktur der Desoxyribosenucleinsäure.

sches Fadenmolekül von hohem Molekulargewicht ist, dessen Lösungen eine hohe Viscosität und eine starke Strömungsdoppelbrechung aufweisen. Der Bau der DNS ist daher in seinen Grundzügen recht gut gesichert. Die Strukturforschung konzentriert sich jetzt besonders auf folgende Fragen:

1. Welche Form besitzt die DNS in Lösung?

2. Welche Reihenfolge kommt den Nucleotiden in dem Kettenmolekül zu?

3. Wie sind die strukturellen Unterschiede zwischen den verschiedenen DNS zu erklären?

Größe und Form. Bei der Untersuchung der Form der DNS ist die Art der Präparationstechnik von besonderer Bedeutung. Nur Untersuchungen an Präparaten mit bekannter Vorgeschichte sind brauchbar. Besonders aufschlußreiche Versuche über die Form der DNS liegen von CECIL und OGSTON[13] vor, die ein von GULLAND hergestelltes Präparat untersuchten, das sich in der Ultrazentrifuge als einheitlich erwies. Sie fanden: s_{20} (c → 0) = 12,6S; D_{20} (c → 0) = 0,81 · 10^{-7} cm²/sec; V_0 = 0,55. Hieraus berechnet sich ein Molekulargewicht von 820000. Dies entspricht einem Polymerisat aus etwa 2200 Mononucleotiden. Der Reibungsfaktor ergibt sich zu f/f_0 = 4,7, was bei einem Rotationsellipsoid einem Achsenverhältnis a/b = 120 entspricht.

Sehr ähnliche Werte für die Sedimentations- und Diffusionskonstante wurden von TENNENT und VILBRANDT[14] an anderen

Präparaten von Thymonucleinsäuren gefunden. Die hieraus berechneten Molekulargewichte sind jedoch unsicher, da keine Extrapolation der Messungen auf c ⁓ 0 vorgenommen wurde.

Nach Röntgenuntersuchungen von Astbury und Bell[15] beträgt der Querschnitt einer Nucleinsäure 16 · 7 Å und der Abstand von Nucleotid zu Nucleotid 3,5 Å. Die theoretische Länge eines aus 2200 Mononucleotiden bestehenden Moleküls wäre also 7700 Å. Aus dem Achsenverhältnis würde sich eine maximale Länge von 16 · 120 = 1900 Å berechnen. Das Molekül liegt also nach diesen Ergebnissen in Lösung nicht in völlig gestreckter Form vor. Es handelt sich entweder um einen stark gefalteten bzw. geknäuelten Faden oder um ein Bündel aus mehreren parallelen Nucleotidketten. Aus Messungen der Strömungsdoppelbrechung[29] wird hingegen geschlossen, daß das Molekül in Lösung in starrer Form vorliegen und eine Länge von rund 8000 Å besitzen soll. Eine Entscheidung ist zur Zeit noch nicht möglich. Man muß mit Längen zwischen 2000 und 8000 Å rechnen.

Die hohe Viscosität und Strömungsdoppelbrechung der DNS-Lösung bleibt nur in einem p_H-Bereich zwischen 5,6 und 10,9 erhalten. Außerhalb dieser Grenzen findet man eine starke Verminderung dieser beiden Größen. Bei seinen Titrationsversuchen stellte nun Gulland[12] fest, daß außerhalb dieses kritischen p_H-Bereichs vorher nicht titrierbare Amino- und enolische Hydroxylgruppen nachweisbar werden. Säure und Alkali haben genau den gleichen Effekt, und die einfachste Erklärung ist, daß in der ursprünglichen DNS eine Bindung zwischen Hydroxyl- und Aminogruppen in Form einer Wasserstoffbrücke besteht. Es ist bekannt, daß derartige Bindungen zwischen schwach basischen und schwach sauren Gruppen durch Neutralisation eines der beiden Partner leicht aufgespalten werden. Der Vorgang erinnert an die Denaturierung der Proteine, bei der ebenfalls die Ordnung der Polypeptidketten im Molekül durch Lösung der Wasserstoffbrücken zerstört wird. Durch längeres Stehen im neutralen Gebiet werden die mit Säure oder Alkali behandelten DNS-Lösungen wieder höher viscös. Jedoch bleiben gewisse qualitative Unterschiede im Viscositätsverhalten bestehen. Untersuchungen in der Ultrazentrifuge[13] machen es wahrscheinlich, daß der Viscositätsabfall durch den Zerfall von DNS-Teilchen in kleinere Aggregate bewirkt wird. Daneben können aber auch Formänderungen des

Moleküls ohne Änderung des Molekulargewichts erfolgen. Es wäre denkbar, daß bei extremem p_H die Verknäuelung der Moleküle verstärkt wird. Auch durch Zusatz von geringen Salzmengen wird die Viscosität der DNS stark herabgesetzt. Hierbei werden jedoch keine Hydroxyl- oder Aminogruppen in Freiheit gesetzt. Durch die zugesetzten Ionen wird die elektrostatische Wechselwirkung zwischen den Molekülen herabgesetzt, wofür besonders elektrophoretische Versuche sprechen[16]. Dies führt zu einer Verringerung der Viscosität. Vermutlich hat die Erhöhung der Salzkonzentration aber noch andersartige Wirkungen.

Tabelle 1. *Nucleotid-Zusammensetzung der Desoxyribosenucleinsäuren.*

Herkunft	Molverhältnisse der Basen			
	Adenin	Guanin	Cytosin	Thymin
Kalbsthymus	1	0,8	0,6	0,95
Milz	1	0,8	0,67	0,93
Tuberkel-Bacillus	1	2,4	2,2	0,9
Hefe	1	0,55	0,55	1,05

Reihenfolge der Nucleotide in der DNS. Ein wesentlicher Fortschritt in der Nucleinsäurechemie ist durch die Ausarbeitung neuer Methoden zur Bestimmung der Grundbausteine erzielt worden. Mit Hilfe der Papierchromatographie gelang es E. VISCHER, CHARGAFF[17] u. a., die einzelnen Purine und Pyrimidine und bei der Ribosenucleinsäure auch die Nucleotide zu trennen. Auch die biologischen Wachstumsteste mit geeigneten Mikroorganismen können zur Bestimmung einzelner Bausteine der DNS herangezogen werden. Der Vorteil dieser Methoden gegenüber den bisher gebräuchlichen besteht vor allem darin, daß sie mit sehr geringen Mengen durchführbar sind. Einige der durch Papierchromatographie erhaltenen Ergebnisse sind in Tab. 1 wiedergegeben. Sie zeigen, daß die Zusammensetzung der Nucleinsäuren sehr unterschiedlich sein kann. Außerdem ergibt sich, daß kein streng äquimolares Verhältnis zwischen den vier verschiedenen Bausteinen besteht. Die Anschauung, daß die DNS ein Polymerisat aus gleichartigen Tetranucleotiden sei, ist hiermit endgültig widerlegt. Die Frage, wieweit eine gesetzmäßige Reihenfolge der Nucleotide in der Nucleinsäurekette besteht, wird sich am ehesten durch partiellen enzymatischen Abbau klären lassen.

Versuche in dieser Richtung wurden bereits von ZAMENHOF und
CHARGAFF[18] unternommen. Sie zeigten, daß bei der Einwirkung
von Desoxyribonuclease auf DNS aus Thymus ein schwerer
spaltbarer, hochmolekularer Rest verbleibt, der wesentlich reicher
an Adenin und an Thymin ist als der übrige Teil des Moleküls.
Es kann demnach keine gesetzmäßige Verteilung der Bausteine
über die ganze Kette vorliegen. Von G. FISCHER[19] wurde gefunden, daß die Desoxyribonuclease je vier P-Atome nur eine
Phosphorsäuregruppe in Freiheit setzt. Aus der Messung des
Dialysekoeffizienten wurde geschlossen, daß die Spaltprodukte
die Größe von Tetranucleotiden besitzen. Fraktionierte Dialyse-
versuche von LEHMANN-ECHTERNACHT[20] ließen vermuten, daß
diese einheitlicher Größe seien. In eigenen Versuchen mit K.MUNK[29]
konnten wir die Angabe, daß im Durchschnitt nur jede vierte
Phosphorsäurebindung gespalten wird, bestätigen. Die Bestim-
mungen der Diffusionskonstanten der Spaltprodukte sprechen
auch dafür, daß diese die durchschnittliche Größe von Di- und
Trinucleotiden besitzen. Sie scheinen ihrer Größe nach verhältnismäßig einheitlich zu sein, jedoch nicht ihrer chemischen Zusammensetzung nach. Im Gegensatz zu den Versuchen bei der Ribose-
nucleinsäure ließen sich papierchromatisch bei der DNS keine einheitlichen Fraktionen unterscheiden.

Die DNS verhält sich also beim enzymatischen Abbau so, wie
man es nach den neueren Anschauungen über ihre Struktur erwarten sollte. Alle bisher durchgeführten Versuche sprechen gegen
eine strenge Regelmäßigkeit in der Anordnung der Bausteine.

Vom chemischen Standpunkt gibt es eine Reihe von Möglichkeiten, die biologischen Unterschiede zwischen den einzelnen
DN-Säuren zu erklären:

1. Unterschiede im analytischen Gehalt an den vier Haupt-
bestandteilen und in ihrer Reihenfolge.

2. Vorhandensein weiterer noch unbekannter Nucleotide oder
Wirkgruppen.

3. Unterschiede in der Form des Moleküls, die auf einer ver-
schiedenartigen Faltung der Nucleotidkette beruhen.

4. Unterschiede zwischen chemisch gleichartigen Nucleinsäuren, die erst durch die Art ihrer spezifischen Bindung an ihr
Protein hervorgerufen werden.

Auch mit den heute uns zur Verfügung stehenden Verfahren wird es sehr schwer sein, im einzelnen zwischen diesen Möglichkeiten zu entscheiden.

Die Ribosenucleinsäuren.

Darstellungsmethoden. Eine schonende Darstellung der Ribosenucleinsäuren (RN-Säuren) kann in ähnlicher Weise erfolgen wie bei den DN-Säuren. Von CHARGAFF und Mitarbeitern[21] wurde z. B. die Ribosenucleinsäure (RNS) aus tierischen Geweben und aus Hefe in der Weise gewonnen, daß zunächst das Gewebetrockenpulver mit 10%iger NaCl-Lösung extrahiert wurde. Das mitgelöste DNS-Proteid wurde dann durch Zugabe des zweifachen Volumens Alkohol ausgefällt und aus der Mutterlauge die reine RNS als Ba-Salz gewonnen. Eiweißreste wurden nach der Chloroformmethode von SEVAG und Mitarbeitern[5] entfernt und die RNS schließlich als Ammonsalz durch mehrmaliges Fällen mit Alkohol gereinigt.

Chemischer Aufbau. Da von den RN-Säuren die Hefenucleinsäure am besten untersucht ist, werden wir uns im folgenden hauptsächlich mit dieser beschäftigen. Während bei den DN-Säuren die Struktur wenigstens in den Grundzügen gesichert erscheint, läßt sich dies bei den RN-Säuren leider nicht behaupten. Als gesichert kann hier nur die Konstitution der vier Grundbausteine: Adenyl-, Guanyl-, Cytidyl- und Uridylsäure gelten. Alle Bausteine tragen die Phosphorsäure in der 3-Stellung des Riboserestes. Die Art ihrer Verknüpfung ist dagegen noch problematisch. In ähnlicher Weise wie bei den DN-Säuren hat BREDERECK[11] festgestellt, daß eine Verknüpfung der Phosphorsäure mit einer NH_2-Gruppe der Purine bzw. Pyrimidine nicht vorliegen kann. Durch elektrometrische Titration zeigten FLETSCHER, GULLAND[22] und JORDAN, daß die RNS drei primäre und eine sekundäre Phosphorsäuregruppe je vier P-Atome besitzt, und daß außerdem die Aminogruppen des Guanins, Adenins, Cytosins sowie die Hydroxylgruppe des Guanins und Uracyls in freier, titrierbarer Form vorkommen. Danach scheinen die Zuckerhydroxyle der Nucleotide durch die Phosphorsäure esterartig miteinander verknüpft zu sein. Es kommt eine 3—2- oder eine 3—5-Verknüpfung in Frage, zwischen der heute noch nicht entschieden werden kann. Auffallend ist die hohe Alkaliempfindlichkeit der RNS. Sowohl die 5- als auch die 2-Phosphate sind aber gegen Alkali verhältnismäßig stabil. Die viel höhere Alkaliempfindlichkeit der RNS gegenüber der DNS ist daher noch nicht erklärbar. Um den hohen

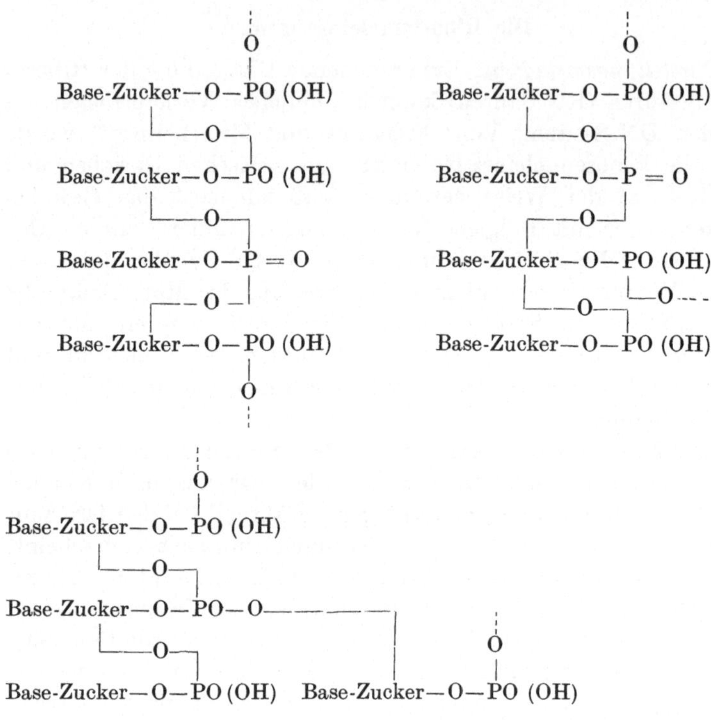

Abb. 2. Mögliche Strukturbilder der Ribonucleinsäure nach Gulland.

Gehalt an sekundären Phosphorsäuregruppen (Endgruppen) zu erklären, nimmt Gulland an, daß die RNS eine verzweigte Kette besitzt, etwa nach der Abb. 2. Die Titrationsversuche von Gulland wurden von verschiedenen Autoren[23] nachgeprüft. Sie stimmen darin überein, daß 0,5 bis 0,9 Äquivalente sekundäre Phosphorsäuregruppen je vier Mol P in der RNS vorhanden sind. Diese Werte liegen etwas tiefer als die von Gulland angenommenen, und es ist daher möglich, daß die Zahl der Verzweigungen geringer ist. Auch die Ergebnisse von Zittle[24] sind schwer mit dem Strukturbild der Abb. 2 zu vereinbaren. Bei der vollständigen Abspaltung der Phosphorsäure durch ein Enzym aus Dünndarmschleimhaut wurde das Freiwerden von annähernd vier sekundären Phosphorsäuregruppen beobachtet. Nach der GULLAND-Formel sollten jedoch drei sekundäre und eine primäre Gruppe auftreten. GULLAND nahm an, daß die von ihm vorgeschlagene Formel die Ergebnisse der enzymatischen Spaltung der RNS durch Ribonuclease zu erklären vermöge. Dies ist jedoch nicht der Fall. Nach den Ergebnissen verschiedener Autoren[23], [24], die auch durch eigene Versuche mit W. ALBRECHT[29] bestätigt werden konnten, treten bei der Spaltung der RNS durch Ribonuclease etwa 33 Säureäquivalente je 100 Mol Phosphor auf. GULLAND nahm an, daß diese unvollständige Spaltung darauf beruht, daß nur die seitenständigen Nucleotide abgespalten werden. Hiernach müßten also etwa ein Drittel der Spaltprodukte Mononucleotide und der Rest ein höheres Polynucleotid sein. Wenn dies zutrifft, müßte bei der Spaltung eine primäre Phosphorsäuregruppe frei werden. Nach den Ergebnissen von WIENER und Mitarbeitern[23] werden aber nur sekundäre Phosphorsäuregruppen und wahrscheinlich Zuckerhydroxyle frei. Gegen die GULLANDsche Auffassung sprechen auch Versuche, die in unserem Laboratorium durchgeführt wurden. Nach maximaler Einwirkung der Ribonuclease sind bis zu 85% der Spaltprodukte dialysierbar und nur 15% liegen in höhermolekularer, nicht dialysierbarer Form vor. Das Verhältnis ist also gerade umgekehrt, als es nach GULLAND zu erwarten war. Die Größe der dialysablen Produkte wird z. Z. mit Hilfe von Diffusionsmessungen untersucht. Die Deutung der Ergebnisse ist jedoch schwierig, da die Nucleotide zum Teil ein anomales Verhalten bei der Diffusion zeigen. Die von uns durchgeführte papierchromatographische Analyse läßt erkennen, daß nur eine begrenzte Anzahl, wahrscheinlich vier, definierte Substanzen bei der Spaltung entstehen. Trotzdem die Versuche noch nicht abgeschlossen sind, kann schon jetzt gesagt werden, daß sich Adenylsäure nicht unter den Spaltprodukten befindet. Diese entsteht erst, wenn man die Spaltprodukte mit schwachem Alkali weiterbehandelt. Bei den enzymatischen Spaltstücken handelt es sich wahrscheinlich im wesentlichen um Oligonucleotide, bei denen Adenylsäure jeweils mit 1 bis 3 anderen Nucleotiden verbunden ist. Dieses Ergebnis wäre am einfachsten dadurch zu erklären, daß die Ribonuclease nur eine der beiden Bindungen löst, mit denen die Adenylsäure in die Nucleotidkette eingebaut ist. Da die

Adenylsäure 30 Mol-% der Hefenucleinsäure ausmacht, würde hierdurch der in der gleichen Größe liegende Spaltungsendwert befriedigend erklärt.

Wichtige Aufschlüsse über die Struktur der RNS sind wahrscheinlich durch Anwendung der klassischen Methode der Methylierung mit anschließendem Abbau zu gewinnen. Vorversuche in dieser Richtung wurden von ANDERSON, BAKER und FARRAR[25] angestellt. Sie fanden, daß bei der Methylierung der RNS mit Methyljodid und Silberoxyd in Methanollösung bei 25° C acht CH_3O- und sechs CH_3N-Gruppen je vier P in das Molekül eintreten, ohne daß eine Änderung des Molekulargewichts erfolgt. Vier CH_3O-Gruppen sind mit Alkali leicht hydrolysierbar und daher wahrscheinlich an P gebunden. Über die Stellung der übrigen Methylgruppen kann durch systematische Abbauversuche und Charakterisierung der hierbei auftretenden Spaltprodukte Klarheit geschaffen werden.

Wenn die Frage nach der Verknüpfung der Nucleotide untereinander auch z. Z. noch offengelassen werden muß, so scheint doch das eine sicher zu sein, daß in der RNS ebensowenig wie in der DNS gleichartige Tetranucleotide als Aufbauelemente vorkommen. Die neuen papierchromatographischen Analysen von CHARGAFF und Mitarbeitern[21] zeigen eindeutig, daß kein äquimolares Verhältnis der vier basischen Bestandteile vorliegt. Dies gilt für die Hefenucleinsäure, besonders aber für die RNS

Tabelle 2. *Nucleotid-Zusammensetzung der Pentose-Nucleinsäuren, Molverhältnisse.*

Herkunft	Guanylsäure	Adenylsäure	Cytidylsäure	Uridylsäure
Hefe	9,7	10	6,1	7,0
Hefe	9,6	10	7,5	6,7
Hefe	10,6	10	8,5	8,2
Hefe	10,5	10	8,0	10,2
Schweine-Pankreas	22,5	10	9,8	4,6
Schweineleber	16,3	10	16,1	7,7
Schafleber	16,8	10	13,4	5,6
Kalbsleber	16,2	10	11,1	5,3
Rindsleber	14,6	10	10,9	6,6
menschl. Lebercarcinom . . .				
a) gesundes Gewebe	32,9	10	28,8	8,3
b) Metastasen	41,4	10	43 2	7,2

aus tierischen Geweben, in der z. T. zwei- bis viermal soviel Guanylsäure als Adenylsäure gefunden wurden (s. Tab. 2). Die RN-Säuren aus tierischen Geweben ähneln sich untereinander sehr und unterscheiden sich wesentlich von der Hefe-RNS. Wegen dieses ausgesprochenen Unterschieds wird es nicht möglich sein, die an Hefenucleinsäure gewonnenen Ergebnisse ohne weiteres auf die tierischen Nucleinsäuren zu übertragen.

Größe und Form. Genauer untersucht ist hier vor allem die Hefenucleinsäure. Bei der Empfindlichkeit der RNS ist verständlich, daß die erhaltenen Resultate sehr von der Darstellungsart der Hefenucleinsäure abhängen. Von SCHRAMM, BERGOLD und FLAMMERSFELD[26] wurde eine Reihe von industriellen Nucleinsäurepräparaten untersucht. Die höchstmolekularen Präparate zeigten ein Molekulargewicht von etwa 11000 und einen Formfaktor f/f_0 von 1,3 bis 1,4. Dies würde ein Achsenverhältnis von 1:7 für den Fall eines Rotationsellipsoids bedeuten. Die Hefenucleinsäure ist also im Vergleich zur Thymonucleinsäure ein verhältnismäßig kleines und kompaktes Molekül. Es ist zu bedenken, daß das angegebene Achsenverhältnis ein maximaler Wert ist. Das wahre Achsenverhältnis ist wahrscheinlich niedriger, da die Hydratation des Moleküls ebenfalls zu einer Erhöhung der Reibung und damit des Formfaktors führt. Es liegt die Vermutung nahe, daß die Nucleotidkette in der Hefenucleinsäure verzweigt oder stark verknäuelt ist. Abweichende Verhältnisse wurden bei der RNS aus Tabakmosaikvirus gefunden[27]. Die frisch isolierte Nucleinsäure hat ein Molekulargewicht von 300000 und ein Achsenverhältnis von 1:60. Diese zersetzt sich spontan in ebenfalls symmetrische Teilchen mit einem Molekulargewicht von etwa 61000 und einem Achsenverhältnis von rund 1:30. Durch Einwirkung von Alkali in der Kälte erhält man schließlich Teilchen mit einem Molekulargewicht von 15000 und einem Achsenverhältnis von 1:10. Diese Zersetzungsprodukte entsprechen ihrer Größe und Form nach etwa der Hefenucleinsäure.

Bei der RNS sind also unsere Kenntnisse der chemischen Konstitution recht unsicher, und es wird noch viel Arbeit kosten, bis sie in ihren Grundzügen geklärt ist. Doch lassen die großen methodischen Fortschritte der Nucleinsäurechemie hoffen, daß bald entscheidende Erfolge erzielt werden.

Literatur.

[1] GULLAND, J. M.: Cold Spring Harbor Symposia on Quantit. Biol. **12**, 95 (1947).

[2] SCHLENK, F.: Adv. in Enzymology **9**, 455 (1949).

[3] SCHMIDT, G.: Annual Rev. of Biochem. **19**, 149 (1950).

[4] GULLAND, J. M., D. O. JORDAN, C. J. THRELFALL: J. Chem. Soc. **1947**, 1129.

[5] SEVAG, M. G., D. B. LACKMANN u. J. SMOLENS: J. of Biol. Chem. **124**, 425 (1938).

[6] SIGNER, R., u. H. SCHWANDER: Helvet. **32**, 853 (1949).

[7] HAMMARSTEN, E.: Biochem. Z. **144**, 383 (1924).

[8] CHARGAFF, E., u. H. F. SAIDEL: J. of Biol. Chem. **177**, 417 (1949).

[9] AVERY, O. T., C. M. MacLEOD u. McCARTY: J. Exper. Med. **79**, 132 (1944).

[10] WYATT, G. R.: Biochemic. J. **48**, 581, 584 (1951).

[11] BREDERECK, H., M. KÖTHNIG u. G. LEHMANN: Ber. **71**, 2613 (1938).

[12] GULLAND, J. M., D. O. JORDAN and H. F. W. TAYLOR: J. Chem. Soc. **1947**, 1131. — COSGROVE, D. J., and D. O. JORDAN: J. Chem. Soc. **1949**, 1413.

[13] CECIL, R., and A. G. OGSTON: J. Chem. Soc. **1948**, 1382.

[14] TENNENT, H. G., and C. F. VILBRANDT: J. Amer. Chem. Soc. **65**, 424, 1806 (1943).

[15] ASTBURY, W. T., and F. O. BELL: Cold Spring Harbor Sympoisa on Quantit. Biol. **5**, 109 (1938).

[16] CREETH, J. M., D. O. JORDAN and J. M. GULLAND: J. Chem. Soc. **1949**, 1406.
— —: J. Chem. Soc. **1949**, 1409.

[17] VISCHER, E., and E. CHARGAFF: J. of Biol. Chem. **176**, 703, 715 (1948). —
—, ST. ZAMENHOF and E. CHARGAFF: J. of Biol. Chem. **177**, 429 (1949).
CHARGAFF, E., E. VISCHER, R. DONIGER, C. GREEN and F. MISANI:
J. of Biol. Chem. **177**, 405 (1949).

[18] ZAMENHOF, ST., and E. CHARGAFF: J. of Biol. Chem. **187**, 1 (1950).

[19] FISCHER, F. G., H. LEHMANN-ECHTERNACHT u. J. BÖTTGE: J. prakt. Chem. [2] **158**, 79 (1941).

[20] LEHMANN-ECHTERNACHT, H.: Z. physiol. Chem. **269**, 187 (1941).

[21] CHARGAFF, E., B. MAGANASIK, E. VISCHER, C. GREEN, R. DONIGER and D. ELSON: J. of Biol. Chem. **186**, 51 (1950).

[22] FLETSCHER, W. E., J. M. GULLAND, D. O. JORDAN: J. Chem. Soc. **1944**, 33.

[23] Ausführliche Literaturzusammenstellung bei: S. WIENER, E. L. DUGGAN, F. W. ALLEN, J. of Biol. Chem. **185**, 163 (1950).

[24] ZITTLE, C. A.: J. of Biol. Chem. **163**, 119 (1946); **166**, 49 (1946).

[25] ANDERSON, A. S., G. R. BAKER and K. R. FARRAR: Nature (Lond.) **163**, 445 (1945).

[26] SCHRAMM, G., G. BERGOLD u. H. FLAMMERSFELD: Z. Naturforsch. **1**, 328 (1946).

[27] COHEN, S. S., W. M. STANLEY: J. of Biol. Chem. **144**, 589 (1942).

[28] SCHWANDER, H., u. R. CERF: Helvet. **34**, 436 (1951).

[29] SCHRAMM, G., W. ALBRECHT u. K. MUNK: Z. Naturforsch. (im Druck).

Diskussionsbemerkungen.

FELIX (Frankfurt/M.): GREENSTEIN weist in einem Referat darauf hin, daß die freie Thymonucleinsäure aus Thymohiston bedeutend länger sei als das Molekül des Thymonucleohistons. Ist es möglich, daß die Nucleinsäure in Verbindung mit Eiweiß stärker gefaltet ist?

SCHRAMM (Tübingen): Ja, aber es liegen hierüber noch keine Untersuchungen vor.

DAIMLER(Frankfurt/M.): Eigene Untersuchungen an Nucleinsäurelösungen verschiedener Konzentration aus reifem Herings-Sperma in der Ultrazentrifuge zeigten mangelhafte Reproduzierbarkeit selbst an der gleichen Substanz bei gleicher Präparation. (Es handelt sich um eine Verdünnungsreihe, bei der die kleinste Konzentration 1,4 $^0/_{00}$ beträgt). Die gefundene Sedimentationskonstante, die auf Null extrapoliert wurde, beträgt im Mittel 7,5 mit einer regelmäßigen Schwankung von $\pm$ 20%; ebensolche Schwankungen fanden wir bei der Diffusionskonstante. An der Thymonucleinsäure fanden wir eine etwas geringere Sedimentationskonstante bei wesentlich geringerer Diffusion. Möglicherweise sind diese unterschiedlichen Ergebnisse darauf zurückzuführen, daß bei der denkbaren Parallelaneinanderlagerung die Enden nicht alle in der gleichen Stellung liegen.

SCHRAMM (Tübingen): Die Ergebnisse stimmen größenordnungsmäßig mit denen anderer Autoren überein. Bei der Schwierigkeit der Messung dürften aus geringen Abweichungen wohl nicht allzu weitreichende Schlüsse gezogen werden.

FLECKENSTEIN (Heidelberg): Schlangen- und Bienengifte hemmen ausgesprochen die Dehydrasen, besonders die des Citronensäurecyclus. Bei einer Konzentration von 1:50 Billionen ist die Hemmung bereits nachzuweisen und bei einer Konzentration von 1:1 Million ist sie komplett. Die gleichen Gifte verzögern die Hitzekoagulierbarkeit von Eidotteremulsionen oder heben sie auf.

Phosphatase-Hemmstoffe (Fluorid usw.) heben die Wirkung auf die Hitzekoagulierbarkeit auf, offenbar dadurch, daß sie Phosphat aus irgendwelchen organischen Verbindungen herausspalten. Da schon 1938 japanische Autoren beschrieben haben, daß Schlangengifte wie Nucleotidasen wirken und die Hefenucleinsäure aufzuspalten vermögen, wird gefragt, ob zwischen diesen einzelnen Wirkungen Beziehungen bestehen.

SCHRAMM (Tübingen): Die Hemmung der Dehydrasen ist wohl darauf zurückzuführen, daß phosphorhaltige Co-Fermente gespalten werden. Auch die Spaltung von Ribonucleinsäure durch Schlangengifte wäre denkbar. Da aber der Eidotter ein sehr komplexes System darstellt, ist es schwierig, einen Zusammenhang zwischen der Koagulationshemmung und der Spaltung phosphorhaltiger Verbindungen zu erkennen.

LEHMANN (Bern): Können Spaltstücke der Ribonucleinsäure in die Thymonucleinsäure eingebaut werden?

SCHRAMM (Tübingen): In manchen embryonalen Geweben, z. B. dem Seeigelei wird von biologischer Seite eine Umwandlung von Ribonucleinsäure in Desoxyribonucleinsäure angenommen. Vom chemischen Standpunkt wäre ein derartiger Übergang kaum zu verstehen. Es wäre höchstens denkbar, daß die Ribonucleinsäure vollständig in die Purin- und Pyrimidinbasen zerlegt wird und diese in das Molekül der Desoxyribonucleinsäure eintreten. Die biochemische Entstehung der Zuckerreste (Ribose bzw. Desoxyribose) ist noch sehr unklar.

Kühnau (Hamburg): Schickelmann erwähnt in einer Arbeit, daß die Plasmagene durch Ribonucleinsäuren synthetisiert werden, wobei diese energiereiches Phosphat liefern. Später wurde von anderen Autoren die Meinung geäußert, daß die Fermente des Cyclophorase-Systems sogenannte Adenyloproteine seien, also Proteine, in denen Adenylsäure offenbar gekoppelt an energiereiches Phosphat enthalten sei. Möglicherweise sind die Phosphorsäuren in den Nucleinsäuren durch die besondere Position geeignet, in energiereiches Phosphat überzugehen oder solches zu bilden in Form von Pyrophosphat.

Schramm (Tübingen): Es ist sicher, daß sowohl Ribonucleinsäure als auch Desoxyribonucleinsäure eine wichtige Rolle bei der Eiweißsynthese spielen. Es wäre denkbar, daß sie hierbei in ähnlicher Weise wie Adenosintriphosphat als Phosphatüberträger wirken, wobei sie als Pyrophosphate vorliegen müßten. Jedoch sind pyrophosphathaltige Nucleinsäuren bisher noch nicht gefunden worden.

Piekarski (Bonn): Bei welchen Virusarten hat man Desoxyribonucleinsäure gefunden ?

Schramm (Tübingen): Desoxyribonucleinsäure ist bisher nur in tierischen Virusarten aufgefunden worden, einige tierpathogene Viren enthalten jedoch nur Ribonucleinsäure. Die Pflanzenviren enthalten sämtlich Ribonucleinsäure.

Leiner (Mainz): Die Histologen und auch Caspersson behaupten, daß die Nucleolen, die nur Ribonucleinsäure enthalten, im heterochromatischen Chromozentrum, das nur Thymonucleinsäure enthält, entstehen. Man müßte sich dann doch vorstellen können, daß hier ein Übergang von Thymonucleinsäure in Ribonucleinsäure möglich ist.

Peters (Hamburg): Bei Untersuchungen an Rikettsien wurde festgestellt, daß 0,14 m NaCl-Lösung die Ribonucleinsäure in Lösung bringt. Könnte das Fehlen von Ribonucleinsäure in den tierischen Viren nicht durch das vorbereitende Waschen mit physiologischer Kochsalzlösung bedingt sein ?

Schramm (Tübingen): Das unterschiedliche Lösungsverhalten von Desoxyribonucleinsäure und Ribonucleinsäure in Kochsalz-Lösung ist bekannt und wird oft zur Trennung verwandt. Da die ribonucleinsäurefreien tierischen Viren nach NaCl-Extraktion noch wirksam sind, ist die Ribonucleinsäure zum mindesten kein notwendiger Bestandteil der tierischen Virusarten.

*Aus der medizinisch-parasitologischen Abteilung des Hygiene-Instituts
der Universität Bonn.*

Die Zellkernäquivalente der Bakterien.

Von

Gerhard Piekarski.

Mit 10 Textabbildungen.

Wir haben bereits in den vorhergehenden Referaten und Dis-
kussionen Einzelheiten vom Bau der Elementareinheiten aller sog.
höheren Tiere und Pflanzen, vom Bau der Zelle, gehört. Jede Zelle
hat im *Cytoplasma* gelegen einen *Zellkern*, der durch seinen chemischen und morphologischen Aufbau in ganz bestimmter Weise
charakterisiert ist. Er enthält Nucleinsäuren, insbesondere die für
den Zellkern so charakteristische *Thymonucleinsäure (Desoxyribonucleinsäure)*, die mit Hilfe der Feulgenschen Nuclealreaktion
durch die Nuclealfärbung sowie durch das entsprechende spezifische
Ferment, die Desoxyribo*nuclease*, in Verbindung mit einem Färbeverfahren auch indirekt nachweisbar ist.

Der Zellkern ist durch weitere typische Merkmale gekennzeichnet: er bildet nach einer Wachstumsphase im Laufe der
Teilung *Chromosomen* aus, die als Träger von Erbfaktoren allgemein anerkannt sind. (Wir wollen im Rahmen dieser Ausführungen das Problem der Beteiligung des Plasmas bei der Vererbung von Eigenschaften, die Frage der Plasmagene, des Plas-
mons, unberücksichtigt lassen.) Außerdem wissen wir durch die
Untersuchungen von Caspersson heute auch einiges über die
Aufgaben, *die Funktionen des Zellkerns*, des Nucleus. Er ist wesentlich an der *Eiweißsynthese* beteiligt, an der dann neben der Desoxyribonucleinsäure auch die vorwiegend im Nucleolus lokalisierte
Ribonucleinsäure mitwirkt. Es sind also im Zellkern zwei
Nucleinsäuresysteme lokalisiert: das Desoxyribonucleinsäure- und
das Ribonucleinsäuresystem.

Schon oft wurde der Versuch unternommen, auch bei Bakterien
zu entscheiden, ob ihnen dieser für die höheren Organismen allgemein gültige Bauplan zukommt, ob sie auch einen Zellkern,

6*

einen Nucleus, besitzen. Wie die intensive Suche nach dem Zellkern in einem Zeitraum von mehr als 50 Jahren vermuten läßt, war man sich im Grunde darin einig, daß die Bakterien, die man dem Pflanzenreich zuordnete, auch aus Cytoplasma und Zellkern bestehen müßten; nur konnte man keine Klarheit über den Feinbau der Bakterienzelle gewinnen. Die geringe Größe der meisten Bakterien erschwerte dieses Unternehmen erheblich. Liegen doch die zu erwartenden Innenstrukturen vielfach an der Grenze des Auflösungsvermögens der üblichen mikroskopischen Optik.

Unabhängig von dem umstrittenen Feinbau der Bakterienzelle wurde die Existenz von *Zellkernäquivalenten* bei Bakterien wohl niemals ernstlich bestritten. Die Frage drehte sich vielmehr um die Art der Ausbildung dieser Kernäquivalente. Man setzte diese dabei *funktionell* dem Nucleus gleich. Damit hatte man aber meines Erachtens einen recht wesentlichen Schritt getan — man hatte sich nämlich (von der Morphologie absehend) auf *die Funktion des Zellkerns* eingestellt. Auch die Bakterien — daran konnte kein Zweifel sein — synthetisieren Eiweiß, sie vermehren ihre Substanz, wachsen und teilen sich. Sie besitzen bestimmte Eigenschaften, die von Zelle auf Zelle weitergegeben, vererbt werden. Daraus schloß man auf ein dem Nucleus homologes System bei den Bakterien. Es fehlte jedoch der morphologische Nachweis.

Durch den Mangel an spezifischen Färbemethoden hatten sich verschiedene Auffassungen über den Bau der Bakterienzelle entwickelt:

1. Die Bakterien sind wie Cyanophyceen völlig zellkernlose Organismen; sie besitzen aber einen Chromidialapparat, der sich netzartig über die Zelle ausbreitet.

2. Kernsubstanz ist über das Cytoplasma der Bakterienzelle diffus verteilt.

3. Bei Bakterien wird die diffus verteilte Kernsubstanz unter bestimmten Bedingungen zeitweilig „entmischt" und dann in bestimmter Weise lokalisiert. Es fehlten aber genaue Vorstellungen über die Ursachen und Kräfte dieser vorübergehenden Entmischung der Kernsubstanz.

4. Einige Forscher vertraten auch den Standpunkt, daß Bakterien doch einen Zellkern besitzen, der sich unter Chromosomenbildung teilt.

5. Andere betrachteten die mit basischen Farbstoffen anfärbbaren Bakterienzellen in toto als einen gleichsam nackten Zellkern.

Auf die Ursachen dieser Vielfalt von Auffassungen ging ich bereits ein. Es lag vorwiegend an unzureichenden Untersuchungsmethoden. Selbst nach der Entdeckung der Nuclealfärbung durch FEULGEN und ROSSENBECK wurde keineswegs sofort Klarheit gewonnen. Erst langsam setzten sich Befunde und Deutungen durch, über die im folgenden berichtet wird. Dabei sei aber schon an dieser Stelle darauf hingewiesen, daß die Bakterien keineswegs eine einheitliche Gruppe von Mikroorganismen darstellen. In ihr sind recht verschiedene Formenkreise vereinigt, die in der täglichen diagnostischen Laboratoriumsarbeit mit Hilfe bestimmter Färbeverfahren voneinander unterschieden werden. Diese Tatsache ist bei der Diskussion unseres Themas meines Erachtens viel zu wenig beachtet worden.

Wir haben also bei der Suche nach den Kernäquivalenten der Bakterienzelle zwei Gesichtspunkte zu berücksichtigen:

1. Versuch, einen dem Zellkern entsprechenden *Körper* nachzuweisen.

2. Versuch, die dem Zellkern eigentümlichen *Nucleinsäuresysteme* aufzufinden.

Es mußte dabei die bereits gestern von LEHMANN erhobene Forderung erfüllt werden, mit möglichst verschiedenen Untersuchungsmethoden zu widerspruchsfreien Ergebnissen zu kommen. Diese Forderung kann im wesentlichen heute auch für die Bakterienkernforschung als erfüllt gelten. Mit folgenden Methoden wurde vorwiegend gearbeitet:

1. FEULGENsche Nuclealfärbung.

2. Anwendung der spezifischen Fermente (Ribonuclease, Desoxyribonuclease).

3. Salzsäure-Giemsafärbung.

4. Giemsafärbung ohne Salzsäurebehandlung mit Alkohol- oder Eosindifferenzierung.

5. Untersuchung im UV-Mikroskop (nur beschränkt verwertbar).

6. Untersuchung im Elektronenmikroskop.

7. Cytologische Untersuchung in Verbindung mit der Einwirkung äußerer Einflüsse (z. B. Medikamente).

a) Betrachten wir zunächst die einfachsten Formen, die *Kugelbakterien oder Kokken*. Sie können einzeln, in Haufen, in Ketten oder paketförmig gelagert sein. Hierzu gehören die bekannten Staphylokokken, Streptokokken, die Sarcinen. Alle besitzen etwa im Zentrum gelegen einen Feulgen-positiven Körper, der sich im Zusammenhang mit dem Wachstum der einzelnen Zelle teilt, in jeder lebenden Zelle vorhanden ist und niemals neu entsteht. Dieser Körper hat alle biologischen Eigenschaften des Zellkerns.

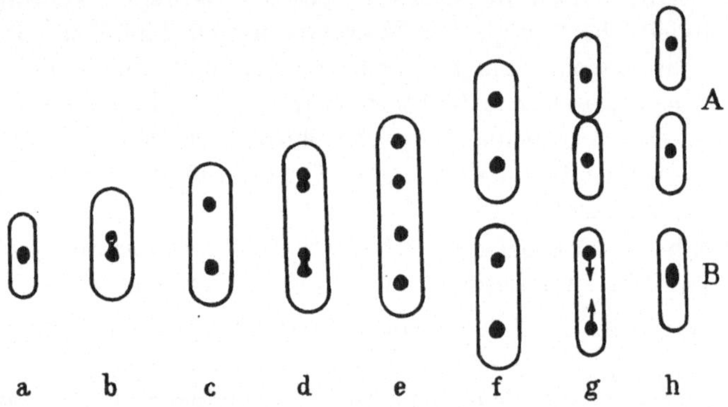

Abb. 1. Schematische Darstellung der kernähnlichen Körper bei nicht-sporen-bildenden Bakterien der Paratyphus-Coli-Gruppe und morphologisch gleicher Formen. a—c: Entwicklung der sekundären Formen zu primären, f—h: die beiden Möglichkeiten der Entstehung sekundärer Formen aus den primären.

aber Chromosomen lassen sich nicht erkennen. Die einzelnen Kokken sind relativ klein, und daher sind Einzelheiten der Körper recht schwer zu erkennen.

b) Etwas günstiger liegen die Verhältnisse bei den stäbchenförmigen Bakterien. Die Gruppe der gramnegativen Darmbakterien, zu der das *Bacterium coli* — neuerdings *Escherichia coli* genannt —, ferner die Erreger des Bauchtyphus und des Paratyphus gehören, bildet mehr oder weniger stäbchenförmige Zellen, die ihre Gestalt je nach den Nährbodenverhältnissen in geringen Grenzen ändern können (Abb. 1). Auf frischem Nährboden entwickeln sich relativ große, kräftige Formen; mit zunehmender Verarmung des Nährbodens werden sie kleiner und fast kugelig (Abb. 1, A, a—h).

Dieser verschiedenen äußeren Gestalt liegt auch eine unterschiedliche Innenstruktur zugrunde. Die kräftige, stäbchenförmige, auch als *primäre Form* gekennzeichnete Bakterienzelle besitzt jeweils *zwei Feulgen-positive Elemente*, die sich in Beziehung zum Längenwachstum des Bacteriums teilen, so daß bei der Zellteilung jede Tochterzelle wiederum zwei Körper erhält. Diese nuclealpositiven, kernähnlichen Körper wurden als *Nucleoide* (PIEKARSKI) bezeichnet, weil sie sich *wie Zellkerne* verhalten; es fehlt im Grunde wieder nur die mitotische Kernteilung, also die Chromosomenbildung. Die Nucleoide enthalten Desoxyribonucleinsäure,

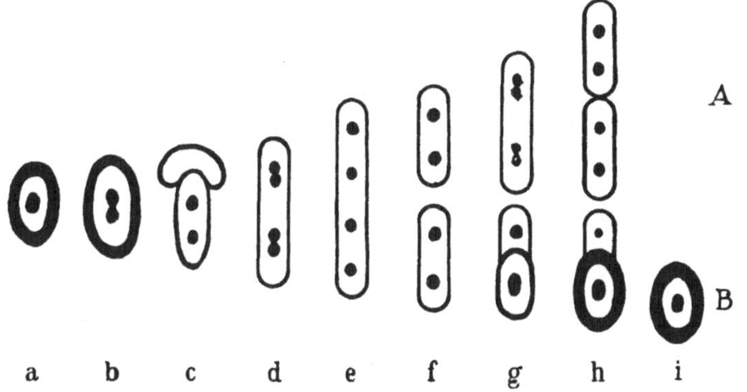

Abb. 2. Schematische Darstellung der kernähnlichen Körper bei sporen-bildenden Bakterien, in der Spore (a—b), bei der Sporenkeimung (b—c), bei vegetativer Vermehrung (A, c—h) und Sporenbildung (B, g—i) nach der Auffassung von STILLE 1937, PIEKARSKI 1940.

sind gesetzmäßig in jeder lebensfähigen Zelle vorhanden; sie entstehen niemals neu im Plasma und stammen immer nur von ihresgleichen; sie teilen sich in direkter Beziehung zum Längenwachstum des Bacteriums. Aus diesen primären Formen werden unter den schon erwähnten Bedingungen die sekundären. Diese enthalten nur noch *einen* Feulgen-positiven Körper, ein Nucleoid. Wie dieser Übergang sich vollzieht, läßt sich nicht mit absoluter Sicherheit entscheiden, aber durch direkte Beobachtung an der lebenden wachsenden Zelle vermuten. Wahrscheinlich entsteht die Sekundärform durch Zweiteilung aus der primären.

c) Für diese Art der Entstehung spricht vielleicht das Verhalten der Feulgen-positiven Körper bei den *Sporenbildnern*, einer weiteren Bakteriengruppe, zu der die Mehrzahl der Gram-positiven Stäbchen, u. a. der Erreger des Milzbrandes, des Wundstarrkrampfes und zahlreiche Bodenbakterien gehören. Sie haben als vegetative Stadien, also in der Stäbchenform, wieder die bereits

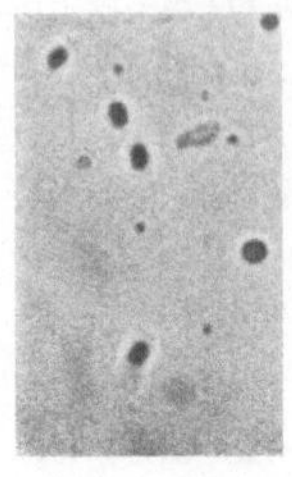 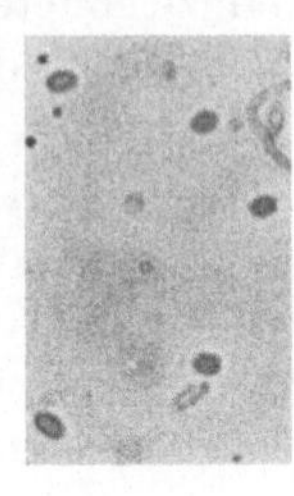 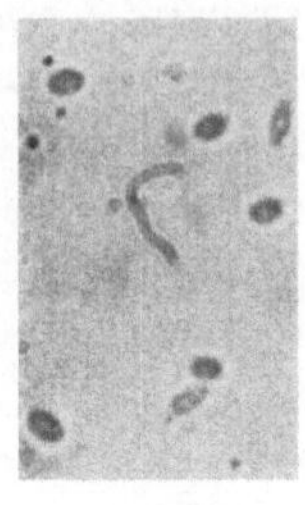 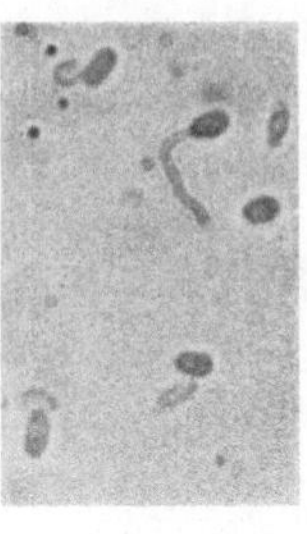

a   b   c   d

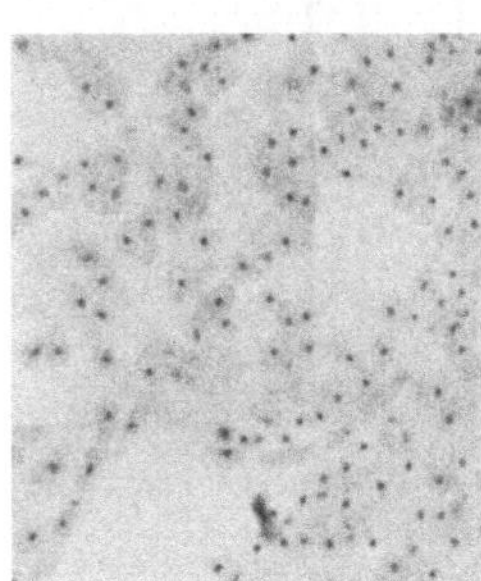

b'

Abb. 3. a—d *Bac. mycoides*, Sporenquellung und -keimung auf frischem Nährboden. In d oberste und unterste Spore gekeimt; b—d identische Präparatstellen.

b'—d' Parallelpräparate zu b—d nach Nuclealfärbung; in b' gequollene Sporen mit je 1 Nucleoid. c' das Nucleoid hat sich bereits in einigen Sporen geteilt.
d' junge Stäbchen, meist mit je 2 Nucleoiden.

Alle Photographien stellen Bacillus mycoides dar, Stamm RK. Vergrößerung: 1080mal; Okular 12mal, Objektiv 90mal; Miflex-Kamera (Zeiß).

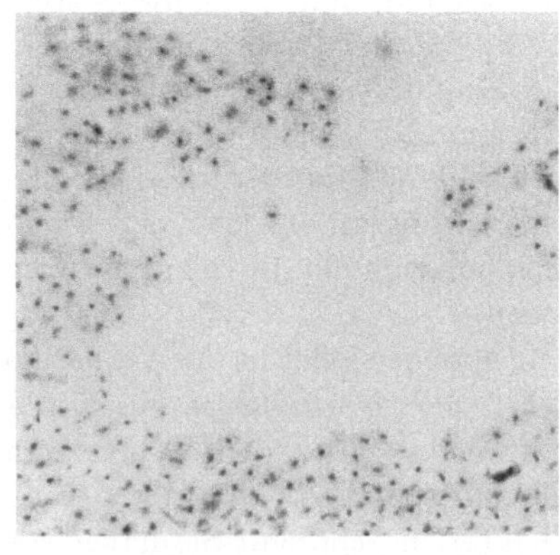
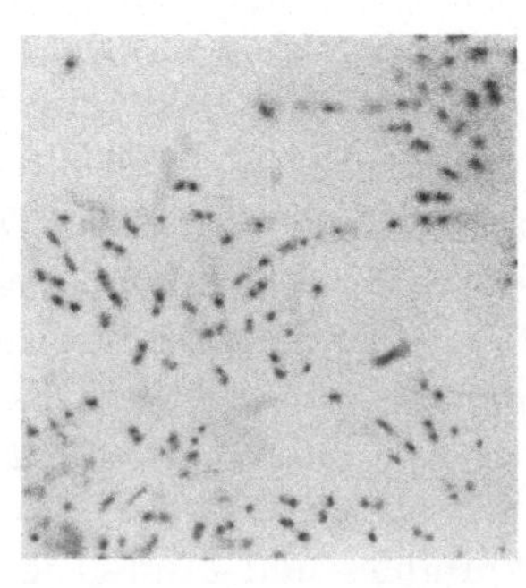

c'   d'

beschriebenen Strukturen, zwei Nucleoide, die sich im Zusammenhang mit dem Wachstum der Zelle teilen (Abb. 2c—f).

Eine für die Deutung der Strukturen wichtige Frage war die nach ihrem *Verhalten während der Sporenbildung.*

Die Sporen sind Dauerformen, die es den Bakterien erlauben, widrige Umweltverhältnisse—Nahrungsmangel, Trockenheit, Hitze — zu überstehen. Gelangen sie wieder in oder auf ein günstiges Nährmedium, so keimen die Sporen und entlassen ein junges, kurzes, plumpes Stäbchen, das sich zu einem normalen Bacterium auswächst (Abb. 3).

Die Spore entsteht in den vegetativen Zellen. Dabei bildet sich die Sporenanlage in unmittelbarer Beziehung zu einem Nucleoid. Ein kernähnlicher Körper wird in die Spore aufgenommen. Das zweite Nucleoid der Sporenmutterzelle geht anscheinend immer zugrunde. So wenigstens habe ich es in Bestätigung der Befunde von STILLE (1937), der diese Verhältnisse bei den sporenbildenden Bakterien zuerst beschrieb, gesehen (Abbildung 2 Bg—i).

Von BADIAN, BISSET und KLIENEBERGER-NOBEL ist *im Zusammenhang mit der Sporenbildung* noch ein bemerkenswerter Formwechsel der kernähnlichen Körper beschrieben worden, der aber bisher noch nicht allgemein anerkannt wird. Nach KLIENEBERGER-NOBEL (Abb. 4) verschmelzen vor der Sporenbildung je vier der von ihr als paarig beschriebenen chromatischen Elemente zu einem Achsenfaden (als „Autogamie" gedeutet). (a—d).

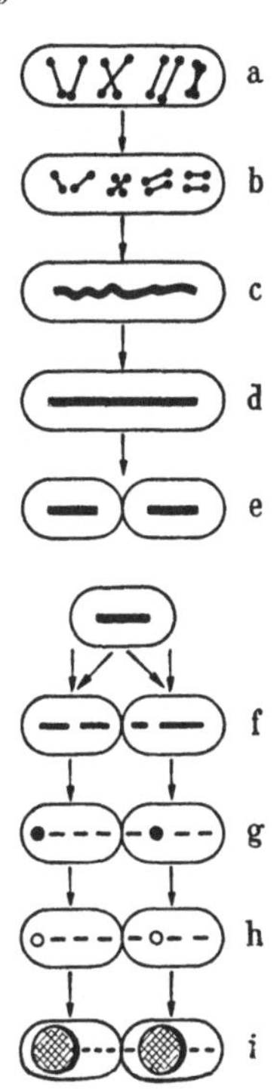

Abb. 4. Schematische Darstellung des Formwechsels der Kernstrukturen nach KLIENEBERGER-NOBEL 1948 (Erklärung im Text).

Dieser teilt sich zunächst einmal mit einer Zellteilung, zerfällt dann aber in jeder Zelle wiederum in je vier Teile (d—g). Eines dieser Teile — *nicht ein Paar* — wird dann in die Spore aufgenommen; die restlichen drei sollen zugrunde gehen (als „Reduktionsteilung", „Meiose" gedeutet). Hier wird bereits der Versuch unternommen, den Formwechsel der chromatischen Elemente mit Sexualprozessen in Verbindung zu bringen. Wenn er in dem von KLIENEBERGER-NOBEL stammenden Beispiel — ähnliche Vor-

gänge und Deutungen beschrieb schon BADIAN — auch noch
nicht ganz überzeugt, weil die beschriebenen Strukturen nicht
mit der Nuclealfärbung, sondern nach Salzsäure-Giemsa-Färbung
(PIEKARSKI 1937, ROBINOW 1942) gewonnen wurden, so scheint mir
ein anderer von STAPP beobachteter Vorgang sehr bemerkenswert.
Er untersuchte ein bei Pflanzen auftretendes Bacterium *Pseudomonas tumefaciens*, das auch die bereits beschriebenen Feulgen-

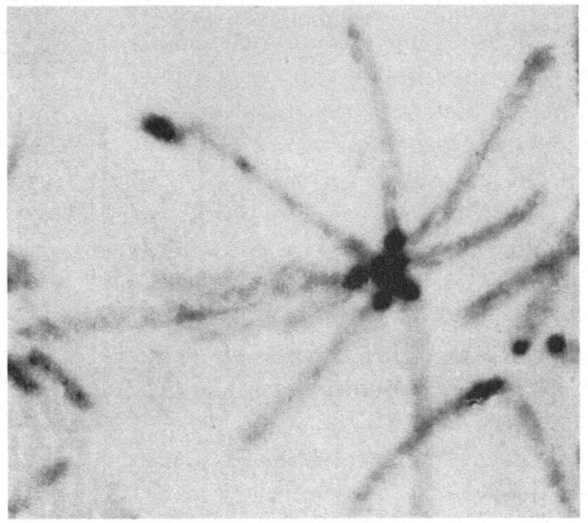

Abb. 5. *Pseudomonas tumefaciens*; „Sternbildung", Nuclealfärbung (nach STAPP).

positiven Körper enthält. Auf einem für diese Art üblichen Nährboden treten mehrere Stäbchen mit je einem Nucleoid sternartig
zusammen. Danach wandern die nuclealpositiven Körper zur Mitte
zusammen, verschmelzen und verbleiben so eine Zeitlang (Abb. 5).
Danach teilen sie sich wieder in so viele Teile, wie vorher zusammen-
kamen; jedes Einzelglied des „Sterns" besitzt schließlich jeweils
einen polaren, nuclealpositiven Körper. Dieser wandert in das
Innere der Stäbchen, die bereits im Verlaufe der Sternbildung an
Länge und Stärke zugenommen hatten. Der Körper teilt sich, die
Stäbchen teilen sich und es entstehen wieder die lebhaft beweg-
lichen Kurzstäbchen mit jeweils einem oder zwei Feulgen-positiven
Körpern. Dieser von STAPP beschriebene Prozeß steht nicht in
Beziehung zur Sporenbildung. Er weist aber deutlich darauf hin,

daß die von höheren Organismen bekannten Kernvorgänge, die
dort in enger Beziehung zum Vererbungsprozeß stehen, anscheinend auch bei Bakterien zu erwarten sind. In der Beteiligung der

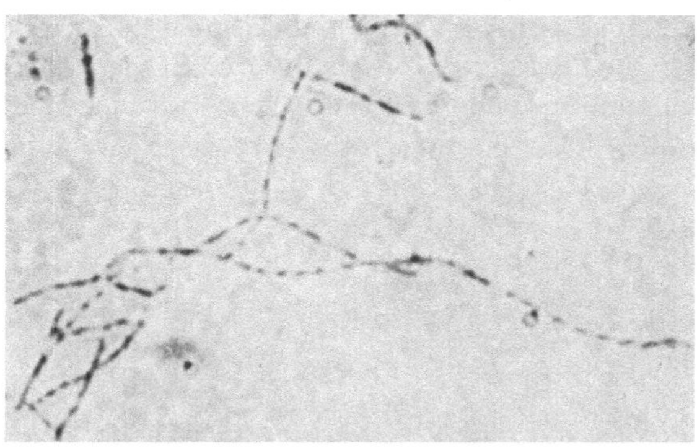

Abb. 6. *Weil-Spirochäte* mit regelmäßiger Lagerung der Nucleoide; Salzsäure-
Giemsa-Färbung (nach SCHLOSSBERGER 1951).

kernähnlichen Körper an einem solchen Formwechsel darf man
daher einen *wesentlichen Hinweis für die Kernnatur der Nucleoide*
erblicken. Die Ergebnisse der *experimentellen Bakteriengenetik*
fordern gleichsam derartige cytologische Prozesse.

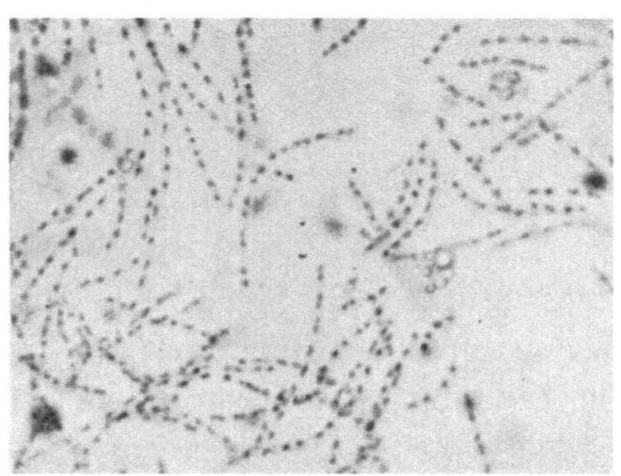

Abb. 7. *Bac. subtilis*, vegetative Form mit regelmäßig angeordneten Nucleoiden.
Feulgen-Reaktion (nach SCHLOSSBERGER, JAKOB und PIEKARSKI, 1950).

d) Hier seien zur Ergänzung noch die *Spirochäten* erwähnt.
Ihre systematische Stellung war immer wieder umstritten, weil
man ihre Innenstruktur nicht analysieren konnte. Man stellte
sie teils zu den Protozoen, teils zu den Bakterien. Vor etwa zwei

Jahren gelang SCHLOSSBERGER der Nachweis, daß die Spirochäten
eine den stäbchenförmigen Bakterien entsprechende Struktur,
also keinen zentralen Zellkern nach Art der Protozoen, sondern
mehrere auf die Länge der „Spirale" verteilte Nucleoide besitzen.
Die Feststellung ließ sich leicht in Beziehung zu den elektronenmikroskopischen Befunden von JAKOB bringen, der feststellte, daß
die Spirochäten in kleine Teilstücke von etwa einer halben Win-
dung zerfallen können. Diese enthalten jeweils gerade mindestens

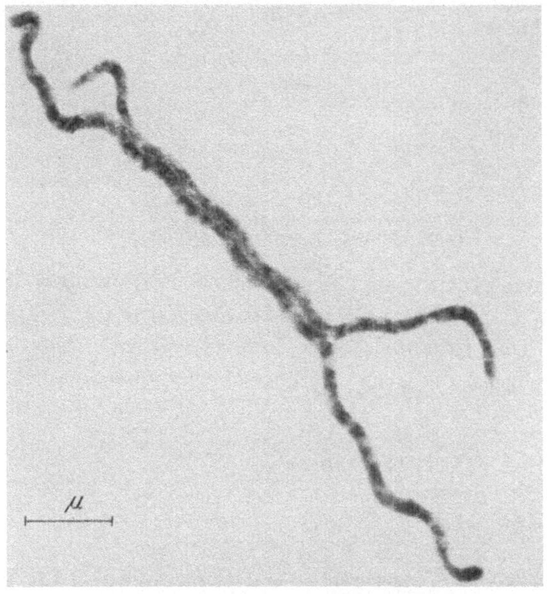

Abb. 8. *Lues-Spirochäte*, elektr., optisch (nach JAKOB, 1947).

1 Nucleoid. So war es gelungen, das darf man wohl heute sagen,
die systematische Stellung einer Gruppe von Mikroorganismen
auf Grund der cytologischen Untersuchungsergebnisse zu klären
(SCHLOSSBERGER, JAKOB und PIEKARSKI 1950) (Abb. 6—8).

Fassen wir die Ergebnisse der morphologischen Untersuchungen
bei den bisher besprochenen Bakteriengruppen zusammen, so
dürfte feststehen, daß *Feulgen-positive Elemente in den vegetativen
Zellen in gesetzmäßiger Zahl und Lage existieren, die bei den sporen-
bildenden Formen auch in die Sporen aufgenommen werden. Über
die Sporen werden sie wieder an die vegetativen Zellen weitergegeben.*

Von einigen Formen ist bereits ein Formwechsel beschrieben worden, der an Sexualprozesse erinnert. Eine mitotische Zellkernteilung war jedoch niemals zu entdecken.

Mit diesen Befunden haben wir zwei wesentliche Erkenntnisse gewonnen:

1. Eines der beiden eingangs erwähnten Nucleinsäuresysteme, die Desoxyribonucleinsäure, ist bei Bakterien auch vorhanden.

2. Dieses System, diese Kernsubstanz ist nicht diffus im Cytoplasma verteilt, sondern in bestimmter Weise lokalisiert.

Es bleibt die Frage: Wo ist der zweite Nucleinsäurekomplex, die *Ribonucleinsäure*, lokalisiert? Die Antwort konnte nicht die Feulgen-Reaktion geben, weil diese nur die Thymonucleinsäure nachzuweisen erlaubt; aber *die Anwendung der Fermente*, der Ribonuclease, in Verbindung mit Färbeverfahren ließ erkennen, daß dieser Komplex *im Cytoplasma*, und zwar bei den besprochenen Bakterienarten *diffus verteilt* ist und nicht — wie beim Nucleus — vorwiegend im Nucleolus *lokalisiert* ist.

MALMGREN und HEDEN, Mitarbeiter von CASPERSSON, untersuchten den *Nucleinsäurestoffwechsel der Bakterien* mit Hilfe des Verfahrens der selektiven UV-Absorption. Sie fanden eine strenge Beziehung zwischen Ribonucleinsäureproduktion und Cytoplasma-Eiweißsynthese. Am Beispiel von *Escherichia coli* läßt sich demonstrieren, daß Zellen aus einer etwa 18 Std. alten Kultur, in der sie sich praktisch nicht mehr vermehren, relativ klein und arm an Ribonucleinsäure sind. Diese Formen entsprechen den erwähnten Sekundärformen; sie enthalten nur ein Nucleoid, das Cytoplasma ist nur schwach basophil (Abb. 1a). Bringt man diese Bakterien auf einen frischen Nährboden, so beginnt sehr bald eine starke Produktion von Ribonucleinsäure, in deren Folge auch die Eiweißproduktion zunimmt. Mit der Eiweißvermehrung setzt Wachstum, Teilung und Vermehrung ein. Diese Bakterien enthalten wieder zwei Nucleoide und sind außerordentlich basophil. Die Spanne zwischen Beimpfung des frischen Nährbodens und erstem Teilungsschritt wird auch als „lag-phase" gekennzeichnet (Abb. 1a—e). Man könnte den in der ausländischen Literatur eingebürgerten Begriff frei mit „Anlaufphase" übersetzen. Ihr folgt die Vermehrungsphase — auch als „log-phase" bezeichnet (Abb. 1 e—h, A).

Die Teilungsgeschwindigkeit hängt von der Menge an Ribonucleinsäure und damit von der Eiweißproduktion ab. Sie ist kurz nach der ersten Teilung am größten, nimmt aber in der Kultur bald nach den ersten Teilungsschritten wieder ab. Es ergibt sich das folgende Bild: hoher Gehalt an Ribonucleinsäure, starke Eiweißvermehrung, hohe Teilungsgeschwindigkeit. Mit dem Absinken des Ribonucleinsäuregehaltes in der Zelle vermindert sich die Teilungsrate.

Mit dieser Erkenntnis waren· wiederum einige bis dahin ungeklärte Fragen zu beantworten. Der hohe Gehalt des Cytoplasmas an Ribonucleinsäure war für die starke Basophilie der Bakterienzelle verantwortlich. Sie maskiert gleichsam die kernähnlichen Körper und macht ihre Erkennung erst möglich, wenn man sie aus der Zelle entfernt. Dieses gelingt, wie schon erwähnt, mit Ribonuclease, aber anscheinend auch mit warmer, normaler Salzsäure, wie sie für die Feulgen-Reaktion erforderlich ist. Auf dieser Tatsache baut die Salzsäure-Giemsa-Färbung auf, die in den vergangenen Jahren zu den großen Erfolgen in der Bakterienkernforschung geführt hat. So erklären sich die Mißerfolge, die der Untersuchung der Bakterien im ultravioletten Licht beschieden waren; denn die UV-Strahlen vermögen zwischen Desoxyribo- und Ribonucleinsäure nicht zu unterscheiden. Ebenso erging es dem Elektronenmikroskop.

Das elektronenmikroskopische Studium der Bakterienzelle hat einen merkwürdigen Wandel durchgemacht. Die meisten normalen, schnell wachsenden Bakterien bleiben im Elektronenmikroskop strukturlos — gleichsam undurchsichtig. Daraus schlossen vor allem amerikanische Forscher — ich nenne z. B. Knaysi — zunächst auf das Fehlen von Kernstrukturen. Dann entdeckten Knaysi und Baker den Zusammenhang zwischen Strukturarmut und hohem Ribonucleinsäuregehalt und anerkannten die Existenz der Nucleoide, als es ihnen gelang, die Bakterien auf N-freiem Nährboden arm an Ribonucleinsäure zu machen und so die Nucleoide regelmäßig darzustellen (von Bringmann wird neuerdings Weizengrieß-Agar dazu empfohlen). Durch Osmiumdampf-Fixierung nach Kultur der Bakterien auf dem Objektträgerfilm, der direkt dem Nährboden aufgelegt wurde (Methode nach Smith und Mudd), gelang es offenbar, die kernähnlichen Strukturen mit einer bisher nur selten erreichten

Regelmäßigkeit zur Abbildung zu bringen, wobei anscheinend auch alle Teilungsstadien — wenigstens indirekt — dargestellt werden konnten. Man kann darin die so intensiv angestrebte elektronenmikroskopische *Bestätigung für die Existenz der Nucleoide* in den Bakterien erblicken, jedoch keinen weiteren Einblick in ihren Feinbau gewinnen.

Darüber hinaus berichtete nun LEMBKE 1951 (Institut für Virusforschung und experimentelle Medizin, Sielbeck bei Eutin) von ungewöhnlichen elektronenmikroskopischen Befunden an Colibakterien. Er setzte die Bakterien 1 sec monochromatischem UV-Licht aus, um die Teilungsgeschwindigkeit anzuregen. Bei einer mittleren Generationsdauer von etwa 20 min wurde die Kultur in einer schnellaufenden Zentrifuge sedimentiert, mit sterilem Aqua dest. erneut suspendiert, nochmals zur Reinigung zentrifugiert, dekantiert, bei hoher Tourenzahl abgeschleudert sowie anschließend erneut in sterilem Leitungswasser suspendiert. Unter diesen Zellen fanden sich nun solche, die „entweder ein aus mehreren Zentren zusammengesetztes Nucleoid" oder stattdessen „Strukturen erkennen ließen, wie sie für bestimmte Stadien einer Mitose kennzeichnend sind". „Die Strukturen entsprechen in ihrem Aussehen den Chromosomen der Metazoenkerne, sie sind gerade oder U-förmig gebogen und finden sich stets in größerer Anzahl vor."

Es kann nicht bestritten werden, daß die Strukturen, die LEMBKE beschreibt und abbildet, auffallend sind und Beachtung verdienen, aber es fällt noch schwer, sich den Ausführungen von LEMBKE anzuschließen. Allein die Vorbehandlungen sind meines Erachtens völlig unwesentlich, weil sie eine gerade ablaufende Mitose höchstens zum Abschluß kommen ließen, aber nicht geeignet erscheinen, Teilungen der Kernstrukturen *gehäuft* zu erzielen. Auch ohne besondere Umstände sind in gefärbten mikroskopischen Bakterienpräparaten alle Teilungsstadien der Bakterien und der Nucleoide zu finden — ein Bild, das nach der Nuclealfärbung leicht zu gewinnen ist. Aber elektronenmikroskopisch sind die kernähnlichen Strukturen regelmäßig bei Bakterien nur selten dargestellt worden. Meines Erachtens kann man den Deutungen der Strukturen von LEMBKE in dem von ihm zitierten Sinne so lange nicht folgen, wie weitere gleichsinnige, ganz regelmäßig und in größerer Zahl vorgelegte Befunde die Richtigkeit wahrscheinlich machen.

Wir haben also bei den bisher erwähnten Bakterien die beiden im Nucleus der sog. höheren Organismen lokalisierten Nucleinsäuresysteme, nur ist ihre Lokalisation nicht die gleiche. Bei den Bakterien haben wir das *Desoxyribosesystem in den Nucleoiden*; *das Ribosesystem liegt diffus im Cytoplasma* (Abb, 10; Coli). Morphologisch betrachtet hätten wir danach bei den Bakterien keinen echten Nucleus, sondern nur ein dem Nucleus entsprechendes Nucleoidsystem, das funktionell betrachtet dem Nucleus gleichstehen dürfte. Ich möchte die Situation etwa derart kennzeichnen: Die Bakterien besitzen das Zellkernsystem, aber keinen Nucleus.

Diese Deutung läßt sich aber noch nicht ohne Einschränkung verallgemeinern. Ausgehend von Untersuchungen an *Cyanophyceen*, über die BRINGMANN kürzlich in der botanischen Zeitschrift „Planta" berichtete, haben RUSKA und BRINGMANN Bakterien untersucht, bei denen das oben entwickelte Nucleinsäuresystem nicht in gleicher Weise darstellbar war.

Die *Cyanophyceen* wurden bisher mit den Bakterien zu den zellkernlosen Organismen gestellt. Die Lehrbücher berichteten über einen Feulgen-positiven sog. Zentralkörper oder Chromidialapparat, der wiederum als Kern*äquivalent* angesehen wurde. Bei den z. T. recht großen Cyanophyceen ließ sich noch klarer als bei den Bakterien zeigen, daß Chromosomen bei der Zellteilung *nicht* entstehen.

BRINGMANN hat diese Befunde im wesentlichen bestätigt, jedoch festgestellt, daß nicht alle von ihm untersuchten Cyanophyceenarten (vorwiegend zur Gattung Lyngbya gehörig) primär eine positive Nuclealfärbung gestatten, sondern erst nach Fällung der Thymonucleinsäure durch Lanthanacetat; der Desoxyribosekomplex ist also auch immer vorhanden und im Zentrum der Zelle lokalisiert, anscheinend jedoch nicht immer in gleicher Weise an die Grundsubstanz gebunden. — Auch das Ribonucleinsäuresystem ist wieder vorhanden, aber nicht diffus im Cytoplasma, sondern isotop (— an der gleichen Stelle —) mit den Desoxyribosestrukturen (Abb.9 und 10). BRINGMANN schlägt daher für diesen Zellkerntypus die Bezeichnung *Karyoid* vor. Im Karyoid stellen also Ribonucleinsäuresystem und Desoxyribosemechanismus eine morphologische Einheit dar und dürfen vielleicht als Übergangsform zu den Verhältnissen bei den höheren Zellen gedeutet werden. Chromosomen werden nicht gebildet.

Die gleichen Verhältnisse zeigen offenbar verschiedene Bakterien, so z. B. die Diphtheriebakterien und Mycobakterien (Tbc-Erreger). Dabei ist bemerkenswert, daß auch hier die Struktur der Zellen je nach dem Alter der Kultur wechselt. Junge Keime (zu Beginn der „logphase") haben einen sehr intensiven Stoffwechsel. Zu dieser Zeit sind, z. B. bei den Diphtheriebakterien, die so charakteristischen Polkörper nicht zu finden.

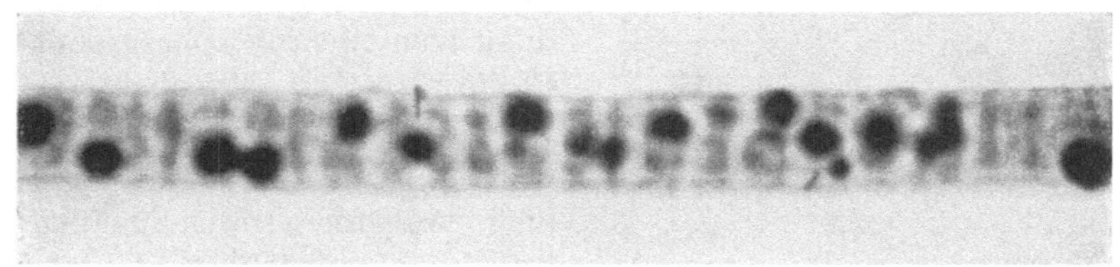

a

b

Abb. 9 a u. b. a *Lyngbya aerugineo-coerulae* Gomont; Alkoholfixierung und Pyroninfärbung zur Erkennung der Ribosenucleinsäure-Orte. b der gleiche Faden nach Nuclealfärbung; nucleal-positive Körper an gleichem Ort („isotop") wie die mit Pyronin gefärbten Stellen. Vergrößerung 2500:1 (nach BRINGMANN 1950).

Vielmehr färben sich die ganzen Zellen basophil, und in der Nähe der Zellpole erkennt man nach Lanthanfällung Feulgen-positive Strukturen. Mit erster Abnahme der Vermehrungsgeschwindigkeit bilden sich als Reservestoffe metaphosphathaltige sog. Volutin-Granula, die bekannten Polkörper der Diphtheriebakterien. Hand in Hand damit schwindet ihre totale Basophilie, und die Ribonucleinsäure beschränkt sich auf die Orte der Feulgen-positiven Körper nahe den Zellenden. Es ist der *Zustand der isotopen Nucleinsäuresysteme* eingetreten, den wir bei den Cyanophyceen kennenlernten. In alten Kulturen schwinden die Volutingranula, die wohl als Reservestoffe für den Aufbau der Nucleinsäure dienen. Es bleibt allein das System der Cyanophyceen (BRINGMANN, RUSKA 1951, unveröff.).

Ähnliche Zusammenhänge haben RUSKA, BRINGMANN, NECKEL und SCHUSTER beim *Mycobacterium avium* festgestellt. Auch bei diesen Bakterien besteht eine Abhängigkeit der Struktur vom Kulturalter. Auch diese Zellen machen im jugendlichen Stadium eine Nucleoidphase, d. h. lokalisiertes Desoxyribosesystem und diffuse Ribonucleinsäurephase durch. Ihr folgt eine Karyoidphase unter gleichzeitiger Ausbildung von Metaphosphatgranula (Volutin). Die Mycobakterien geben aber eine primäre Nuclealfärbung, d. h. ohne Lanthanfällung. Außerdem treten lipoidhaltige Granula und Mikrogranula — anscheinend ohne Nucleinsäuregehalt — auf. Bei einsetzendem Phosphormangel werden die Volutingranula wieder abgebaut.

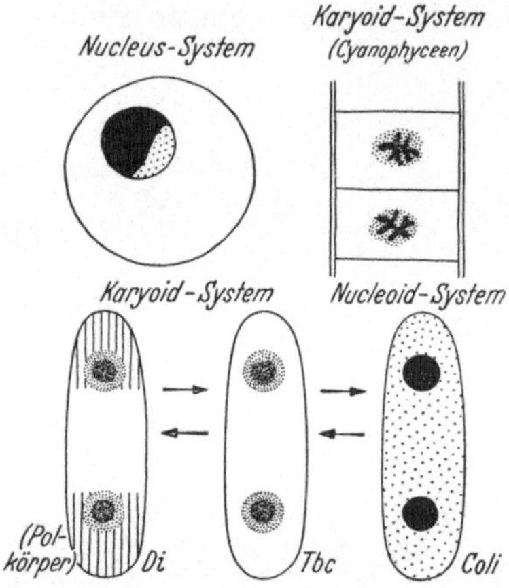

Überblicken wir noch einmal die mikroskopischen Befunde und die Versuche einer sinnvollen Deutung der Strukturen, so scheint mir eines sicher zu sein:

Nucleus, Karyoid und Nucleoidsystem sind drei verschiedene Ausprägungen ein und desselben Prinzips: immer sind die beiden Nucleinsäuresysteme vorhanden (Abb. 10): das Desoxyribosesystem ist lokalisiert entweder in den Chromosomen oder in den Nucleoiden, die auch im Karyoid liegen. Das Ribonucleinsäuresystem liegt beim Nucleus und Karyoid isotop mit dem Desoxyribosesystem oder im Nucleoidsystem diffus im Cytoplasma neben dem Desoxyribosesystem. Entscheidend wichtig ist dabei die Tatsache, daß die desoxyribonucleinsäurehaltigen Anteile, die Nucleoide, ihre Gestalt grundsätzlich beibehalten und unabhängig von äußeren Faktoren (Nährboden, Einfluß von Medikamenden u. ä.) bestehen bleiben und keine sog. diffuse Phase durchmachen.

Abb. 10. *Schematische Darstellung der verschiedenen Zellkern-Systeme.*
Schwarz: Desoxyribose — Nucleinsäure
Punktiert: Ribose — Nucleinsäure
Schraffiert: Volutin-haltige Polkörper
In der Reihenfolge der Darstellungen von links oben beginnend: Metazoenzellen mit Nucleus-System. Cyanophyceen-Zellen mit Karyoid-System, beide Nucleinsäuren „isotop". Verschiedene Ausprägungen bei den Bakterien: Typ des Diphtherieerregers, Typ des Tbc-Erregers, Typ des Coli-Bakteriums (vergl. Text).

Nucleus, Karyoid und Nucleoidsystem sind allem Anschein nach funktionell identisch und es scheint daher keineswegs zulässig, die Bakterien und Cyanophyceen weiterhin als zellkernlose Organismen schlechthin zu bezeichnen.

Bevor ich schließe, noch ein Wort zur Cytogenetik: Von mehreren Seiten ist die Sorge geäußert worden, es bestände mit der Anerkennung der vorgetragenen Befunde und Deutungen die Gefahr einer einseitigen Bindung der Erbfaktoren an die desoxyribonucleinsäurehaltigen Elemente, während man bei Bakterien auch an die plasmatische Vererbung, an die Plasmagene, denken müsse (KAPLAN, MICHAELIS). Dem kann man meines Erachtens wohl zustimmen, nur scheint mir der Nachweis der Existenz von Plasmagenen bzw. einer plasmatischen Vererbung bei den Bakterien nicht sicherer zu sein als etwa der Nachweis von sicheren Sexualprozessen. Eines schließt das andere nicht aus.

Literaturverzeichnis.

Alle erwähnten Arbeiten, die etwa bis zum Jahre 1949 erschienen, sind in der neuen Übersicht [Erg. Hyg. **26** (1949)] vom Verfasser zu finden. Im folgenden sind nur die neuesten Arbeiten angeführt:

BRINGMANN, G.: Vergleichende licht- und elektronenmikroskopische Untersuchungen an Oszillatorien. Planta **38**, 541—563 (1950).
— Elektronenmikroskopische Studien über die Kernäquivalente und die Zellorganisation von Bacillus polymyxa Prazmowski und anderen Bacillen. Zbl. Bakter. I Orig. **156**, 547—556 (1951).
— H. RUSKA, I. NECKEL u. G. SCHUSTER: Zbl. Bakter. **156** (1951) (im Druck).
KAPLAN, R. W.: Mutationsforschung an Bakterien. (Ein Überblick.) Naturwiss. **1950**, 249—254, 276—284.
LEMBKE, A.: Haben Bakterien einen Zellkern? Zbl. Bakter. I Orig. **156** (1951).
MICHAELIS, P.: Die Bedeutung des plasmatischen Erbgutes für die Evolution. VII. Internat. Bot. Kongr. Stockholm 1950.
— Grundzüge der plasmatischen Vererbung. Math.-naturwiss. Unterricht **2**, 163—170 (1950).
PREUNER, R., u. J. v. PRITTWITZ u. GAFFRON: Über feulgenpositive Körper in Bacillen und Bakterien und ihr Verhalten gegenüber Streptomycin und Penicillin. Zbl. Bakter. I. Orig. **157**, 244 (1951).
SCHLOSSBERGER, H.: Diskussionsbemerkung. Zbl. Bakter. **155**, 75 (1950).
— A. JACOB u. G. PIEKARSKI: Zur Systematik der Spirochäten. Naturwiss. **1950**, 186—187.

Diskussionsbemerkungen.

Leiner (Mainz) weist auf die Ergebnisse der genetischen Versuche amerikanischer Forscher an Colibakterien (Escherichia coli) hin, die auf einen Faktorenaustausch auch bei Bakterien schließen und eine lineare Anordnung der Gene innerhalb einer Kopplungsgruppe annehmen lassen. Es wird vermutet, daß die morphologischen Korrelate zu diesem Geschehen in den Nucleoiden zu suchen sind. Allerdings spricht die Wirkungslosigkeit des Colchicins auf die Bakterien gegen ihre Identität mit Zellkernen im eigentlichen Sinne. Bei eigenen Versuchen an symbiontischen Bakterien waren zwei Sorten zu erkennen: eine breite (2 μ) und eine halb so breite. Im hängenden Tropfen konnte man beobachten, daß das breite Bacterium sich außerordentlich stark vermehrte und das schmale nicht. Aus gefärbten Präparaten ergab sich die Vermutung, daß je zwei schmale Bakterien sich aneinanderlegen und ein breites ergeben. Werden reine Kulturen von breiten Bakterien auf armen Nährböden gezüchtet, die mit geringen Mengen von Nicotinsäureamid versetzt sind, so resultieren nur schmale Bakterien, die allerdings alle parallel aneinanderliegen, woraus geschlossen wird, daß beide Sorten von Bakterien identisch sind. Man sieht auch Bilder, wo die schmalen Bakterien V-förmig, strahlenförmig oder lampenbürstenförmig beieinanderliegen, wobei die Nucleoide irgendwie mehr zusammentreten, Bilder, die man auch von anderen Bakterien kennt. Es scheint jedoch, daß solche Zusammenschlüsse Fehlbildungen sind und daß das Zusammentreten von parallelen Paaren die normale Bildung darstellt. Obwohl keine genetischen Untersuchungen gemacht worden sind, möchte man im Vergleich mit den vorher erwähnten Arbeiten annehmen, daß dies ein Sexualvorgang sein könnte.

Lendle (Göttingen): Wird die Färbbarkeit der Nucleoidsysteme durch die modernen bakterienhemmenden Stoffe verändert? Diese enthalten z. T. quarternäre Ammoniumbasen und es wäre denkbar, daß sie sich auf die Nucleoidsysteme auflagerten. Bei der großen Bedeutung dieser Systeme für den Eiweißstoffwechsel wäre hierin vielleicht eine Erklärungsmöglichkeit ihrer Wirkungsweise gegeben.

v. Hayek (Würzburg): Ist etwas über den Lipoidgehalt der mit Formazan anfärbbaren Bezirke bekannt?

Schanderl (Geisenheim): Auch die Hefe besitzt keinen plastischen Kern, sondern sog. Nucleoide, wie die Bakterien. Der Däne Winge hat in genetischen Versuchen nachgewiesen, daß sie der Sitz der Gene sind, und beobachtet, daß jeder Sporulation eine Aufteilung der Nucleoide vorausgeht, und daß jede Spore mindestens zwei solcher Nucleoide mitbekommt. Er hat mit Hilfe von Ein-Sporen-Kulturen, die mit Mikromanipulator angelegt wurden, nachgewiesen, daß die Erbanlagen der Mutterzelle dem Mendelschen Gesetz folgend aufgeteilt wurden.

Piekarski (Bonn): Die Bakterienzellen verhalten sich nach Einwirkung von Therapeutica nicht mehr einheitlich basophil und es resultieren Zonen, die durch den Farbstoff nicht mehr färbbar sind. Es wurde daraus geschlossen, daß die gestörte Färbbarkeit mit einer Störung des Stoffwechsels einhergeht. Die vorkommenden enormen Schwankungen des Nucleinsäuregehaltes beziehen sich auf die Ribonucleinsäure. Der Gehalt an Desoxyribonucleinsäure bleibt unabhängig von äußeren Einflüssen nahezu konstant[1].

Die Beobachtungen von Herrn LEINER werden sehr begrüßt. Während die Wirkung von Trypaflavin, das auch ein Kerngift ist, sich auf das Desoxyribonucleinhaltige Chromosom bezieht und durch Zusatz von Hefe-Nucleinsäure aufgehoben werden kann, wirkt das Colchicin auf den Spindelfaserapparat. Es ist daher nicht verwunderlich, daß Trypaflavin auch die Nucleoidteilung hemmt. Colchicin dagegen kann am Bacterium nicht wirksam sein, da hier die Spindelfaserbildung wohl fehlt.

GRAFFI (Berlin): In eigenen Versuchen (1940) in Frankfurt a. M. wurden Bakterien, Blaualgen und Paramäcien mit cancerogenen Kohlenwasserstoffen behandelt und gefunden, daß diese elektiv relativ konzentriert in den kongenialen Apparaten der Blaualgen gespeichert wurden, wodurch auf einen gewissen Lipoidgehalt dieser Struktur geschlossen wurde. Ferner gelingt es, durch Janus-Grün in Bakterien aus Heu-Infus Granula anzufärben, so daß daran gedacht wird, ob es sich hier nicht um den Mitochondrien entsprechende Zellgebiete handelt.

---

[1] Vergl. hierzu die soeben erschienene Arbeit von PREUNER u. VON PRITTWITZ (1951).

Schlußwort

von

F. E. LEHMANN (Bern).

Unsere fruchtbare Arbeitstagung ist zu Ende. Im Namen aller Teilnehmer sei dem Vorstand der Gesellschaft für die Veranstaltung des Colloquiums herzlich gedankt. Die zwanglose Form des Treffens in einem behaglichen mittelalterlichen Städtchen hat den Gedankenaustausch in der allgemeinen Diskussion und den Gruppengesprächen besonders reich und lebendig werden lassen. Es war mir eine Freude, alte Bekanntschaften zu erneuern und mehrfach das vergnügliche „Aha"-Erlebnis des Tierpsychologen zu haben, wenn ich Kollegen zum ersten Male traf, deren Namen mir schon lange aus der Literatur bekannt waren.

Das gestellte Thema forderte geradezu zur Zusammenarbeit der verschiedenen Disziplinen heraus. Für den Biochemiker und Physiologen werden heute Strukturprobleme, für den Zoologen und Bakteriologen chemische Probleme aktuell. Die Synthese der Erfahrungen aus den verschiedensten Bereichen ist bei solchen Fragestellungen unerläßlich, und unsere Aussprachen, denen reichlich Zeit zur Verfügung stand, haben denn auch vielfältig Gelegenheit zu Querverbindungen gegeben. Das Colloquium hat die große Bedeutung der Aussprache im kleinen Kreise erneut klar werden lassen, und es hat wohl alle Teilnehmer in ihrem Willen bestärkt, die wissenschaftliche Zusammenarbeit über alle Landesgrenzen hinweg nach Kräften zu fördern.

SPRINGER-VERLAG / BERLIN · GÖTTINGEN · HEIDELBERG

Ergebnisse der Physiologie, biologischen Chemie und experimentellen Pharmakologie. Herausgegeben von Professor Dr. **O. Krayer**-Boston, Professor Dr. **E. Lehnartz**-Münster in Westf., Professor Dr. **A. v. Muralt**-Bern, Professor Dr. **F. H. Rein**-Göttingen.

Sechsundvierzigster Band. Mit 167 Abbildungen und 3 Bildnissen. III, 497 Seiten. 1950. DM 68.—

Inhaltsübersicht: LEON ASHER † (1865—1943). Von Professor A. VON MURALT-Bern. — WILHELM TRENDELENBURG †. Von Professor E. SCHÜTZ-Münster. — MARTIN GILDEMEISTER †. Von Professor M. MONJE-Kiel. — The organization of the vertebrate retinal elements. By Professor R. GRANIT-Stockholm. — Elektrophysiologie der Herznerven. Von Professor H. SCHAEFER-Bad Nauheim. — Über die Sauerstoffversorgung des Gehirns und den Mechanismus von Mangelwirkungen. Von Professor E. OPITZ-Kiel und Professor M. SCHNEIDER-Köln. — Noradrenaline (Arterenol), adrenal medullary hormone and chemical transmitter of adrenergic nerves. By Professor U. S. V. EULER-Stockholm. — The plasma proteins and their fractionation. By Professor J. T. EDSALL-Boston. — Chemistry and clinical uses of the protein components involved in blood clotting. By Professor J. T. EDSALL-Boston. — Über Mitosegifte. Von Professor H. LETTRÉ-Heidelberg. — Namen- und Sachverzeichnis.

Biochemie und Physiologie der sekundären Pflanzenstoffe
Von Dr. **Karl Paech,** Professor an der Universität Tübingen. (Lehrbuch der Pflanzenphysiologie, 1. Band, 2. Teil.)
Mit 18 Abbildungen. IX, 268 Seiten. 1950. DM 24.—; Ganzleinen DM 26.70

Grundriß der Mikrobiologie
Von Dr. **August Rippel-Baldes,** o. Professor an der Universität Göttingen.
Zweite Auflage.
Mit 153 Abbildungen. VII, 404 Seiten. 1952. Ganzleinen DM 36.—

Die organischen Katalysatoren u. ihre Beziehungen zu den Fermenten
Von Dr. **Wolfgang Langenbeck,** o. Professor an der Universität Rostock.
Zweite Auflage. Mit 8 Textabbildungen. VIII, 136 Seiten. 1949. DM 15.—

Zeitschrift für Zellforschung und mikroskopische Anatomie
Herausgegeben und redigiert von **W. Bargmann**-Kiel und **J. Seiler**-Zürich.
Erscheint zwanglos in einzeln berechneten Heften, die zu Bänden vereinigt werden.

SPRINGER-VERLAG / WIEN

Mikrochemie vereinigt mit Mikrochimica Acta
Unter Mitwirkung hervorragender in- und ausländischer Fachleute herausgegeben von **A. A. Benedetti-Pichler**-New York, **G. Blix**-Uppsala, **F. Feigl**-Rio de Janeiro, **J. Heyrovský**-Praha, **P. L. Kirk**-Berkeley, **H. Lieb**-Graz, **F. Schneider**-New York, **R. Strebinger**-Wien, **M. K. Zacherl**-Wien. Schriftleitung **M. K. Zacherl**-Wien.
Erscheint zwanglos in einzeln berechneten Heften, die zu Bänden vereinigt werden.